江苏省文化产业引导资金文化艺术精品项目
江苏省"十三五"重点图书出版规划项目

拉达克城市与建筑

汪永平 庞一村 王锡惠 编著

City and Architecture in Ladakh

Himalayan Series of Urban and Architectural Culture

行走在喜马拉雅的云水间

序

2015 年正值南京工业大学建筑学院（原南京建筑工程学院建筑系）成立三十周年，我作为学院的创始人，在 10 月举办的办学三十周年庆典和学术报告会上，汇报了自己和团队自 1999 年以来走进西藏、2011 年走进印度，围绕喜马拉雅山脉 17 年以来所做的研究。研究成果的体现，便是这套"喜马拉雅城市与建筑文化遗产丛书"问世。

出版这套丛书（第一辑 15 册）是笔者和学生们多年的宿愿。17 年来我们未曾间断，前后百余人，30 多次进入西藏调研，7 次进入印度，3 次进入尼泊尔，在喜马拉雅山脉相连的青藏高原、克什米尔谷地、拉达克列城、加德满都谷地都留下了考察的足迹。研究的内容和范围涉及城市和村落、文化景观、宗教建筑、传统民居、建筑材料与技术等与文化遗产相关的领域，完成了 50 篇硕士学位论文和 4 篇博士学位论文，填补了国内在喜马拉雅文化遗产保护研究上的空白，并将藏学研究和喜马拉雅学的研究结合起来。研究揭

示了喜马拉雅山脉不仅是我们这一星球上的世界第三极，具有地理坐标和地质学的重要意义，而且在人类的文明发展史和文化史上具有同样重要的价值。

喜马拉雅山脉东西长 2 500 公里，南北纵深 300~400 公里，西北在兴都库什山脉和喀喇昆仑山脉交界，东至南迦巴瓦峰雅鲁藏布大拐弯处。在喜马拉雅山脉的南部，位于南亚次大陆的印度主要由三个地理区域组成：北部喜马拉雅山区的高山区、中部的恒河平原以及南部的德干高原。这三个区域也就成为印度文明的大致分野，早期有许多重要的文明发迹于此。中国学者对此有着准确的描述，唐代著名学者道宣（596—667）在《释迦方志》中指出："雪山以南名为中国，坦然平正，冬夏和调，卉木常荣，流霜不降。"其中"雪山"指的便是喜马拉雅山脉，"中国"指的是"中天竺国"，即印度的母亲河恒河中游地区。

季羡林先生把古代世界文化体系分为中国、印度、希腊和伊斯兰四大文化，喜马拉雅地区汇聚了世界上

四大文化的精华。自古以来，喜马拉雅不仅是多民族的地区，也是多宗教的地区，包括了苯教、印度教、佛教、耆那教、伊斯兰教以及锡克教、拜火教。起源于印度的佛教如今在印度的影响力已经不大，但佛教通过传播对印度周边的国家产生了相当大的影响。在中国直接受到的外来文化的影响中，最明显的莫过于以佛教为媒介的印度文化和希腊化的犍陀罗文化。对于这些文化，如不跨越国界加以宏观、大系统考察，即无从正确认识。所以研究喜马拉雅文化是中国东方文化研究达到一定阶段时必然提出的问题。

从东晋时法显游历印度并著书《佛国记》开始，中国人对印度的研究有着清晰的历史脉络，并且世代传承。唐代玄奘求学印度并著书《大唐西域记》；义净著书《大唐西域求法高僧传》和《南海寄归内法传》；明代郑和下西洋，其随从著书《瀛涯胜览》《星槎胜览》《西洋番国志》，对于当时印度国家与城市都有详细真实的描述。进入 20 世纪后，中国人继续研究印度。

蔡元培在北京大学任校长期间，曾设"印度哲学课"。胡适任校长后，又增设东方语言文学系，最早设立梵文、巴利文专业（50 年代又增加印度斯坦语），由季羡林和金克木执教。除了季羡林和金克木，汤用彤也是印度哲学研究的专家。这些学者对《法显传》《大唐西域记》《大唐西域求法高僧传》和《南海寄归内法传》进行校注出版，加入了近代学者科学考察和研究的新内容，在印度哲学、文学、语言文化、历史、地理等领域多有建树。在中国，研究印度建筑的倡始者是著名建筑学家刘敦桢先生，他曾于 1959 年初率我国文化代表团访问印度，参观了阿旃陀石窟寺等多处佛教遗址。回国后当年招收印度建筑史研究生一人，并亲自讲授印度建筑史课，这在国内还是独一无二的创举。1963 年刘敦桢先生 66 岁，除了完成《中国古代建筑史》书稿的修改，还指导研究生对印度古代建筑进行研究并系统授课，留下了授课笔记和讲稿，并在《刘敦桢文集》中留下《访问印度日记》一文。可惜 1962 年中印关系恶化，以致影响了向印度派遣留学生的计划，随后不久的"十年动乱"，更使这一研究被搁置起来。由于历史的原因，近代中国印度文化研究的专家、学者难以跨越喜马拉雅障碍进入实地调研，把青藏高原的研究和喜马拉雅的研究结合起来。

意大利著名学者朱塞佩·图齐（1894—1984）是西方对于喜马拉雅地区文化探索的先驱。1925—1930 年，他在印度国际大学和加尔各答大学教授意大利语、汉语和藏语；1928—1948 年，图齐八次赴藏地考察，他的前五次（1928、1930、1931、1933、1935）藏地考察均从喜马拉雅山脉的西部，今天克什米尔的斯利那加（前三次）、西姆拉（1933）、阿尔莫拉（1935）动身，沿着河流和山谷东行，即古代的中印佛教传播和商旅之路。他首次发现了拉达克森格藏布河（上游在中国境内叫狮泉河，下游在印度和巴基斯坦叫印度河）河谷的阿契寺、斯必提河谷（印度喜马偕尔邦）的塔波寺（西藏藏佛教后弘期重要寺庙，

两处寺庙已经列入《世界文化遗产名录》），还考察了托林寺、玛朗寺和科迦寺的建筑与壁画，考察的成果便是《梵天佛地》著作的第一、二、三卷。正是这些著作奠定了图齐研究藏族艺术和藏传佛教史的基础。后三次（1937、1939、1948）的藏地考察是从喜马拉雅中部开始，注意力转向卫藏。1925—1954 年，图齐六次调查尼泊尔，拓展了在大喜马拉雅地区的活动，揭开了已湮没的王国和文化的神秘面纱，其中印度和藏地的邂逅是最重要的主题。1955—1978 年，他在巴基斯坦北部的喜马拉雅山麓，古代称之为乌仗那的斯瓦特地区开展考古发掘，期间组织了在阿富汗和伊朗的考古发掘。他的一生学术成果斐然，成为公认的最杰出的藏学家。

图齐的研究不仅涉及佛教，在印度、中国、日本的宗教哲学研究方面也颇有建树。他先后出版了《中国古代哲学史》和《印度哲学史》，真正做到"跨越喜马拉雅、扬帆印度洋"，将中印文化的研究结合起来。

终其一生，他的研究都未离开喜马拉雅山脉和区域文化。继图齐之后，国际上对于喜马拉雅的关注，不仅仅局限于旅游、登山和摄影爱好者，研究成果也未囿于藏传佛教，这一地区的原始宗教文化艺术，包括印度教、耆那教、伊斯兰教甚至苯教都得到发掘。笔者手头上就有近几年收集的英文版喜马拉雅艺术、城市与村落、建筑与环境、民俗文化等多种书籍，其中有专家、学者更提出了"喜马拉雅学"的概念。

长期以来，沿着青藏高原和喜马拉雅旅行（借用藏民的形象语言"转山"）时，笔者产生了一个大胆的想法，将未来中印文化研究的结合点和突破口选择在喜马拉雅区域，建立"喜马拉雅学"，以拓展藏学、印度学、中亚学的研究范围和内容，用跨文化的视野来诠释历史事件、宗教文化、艺术源流，实现中印间的文化交流和互补。"喜马拉雅学"包含了众多学科和领域，如：喜马拉雅地域特征——世界第三极；喜马拉雅文化特征——多元性和原创性；喜马拉雅生态特征——多样性等等。

笔者认为喜马拉雅西部，历史上"罽宾国"（今天的克什米尔地区）的文化现象值得借鉴和研究。喜马拉雅西部地区，历史上的象雄和后来的"阿里三围"，是一个多元文化融合地区，也是西藏与希腊化的犍陀罗文化、克什米尔文化交流的窗口。罽宾国是魏晋南北朝时期对克什米尔谷地及其附近地区的称谓，在《大唐西域记》中被称为"迦湿弥罗"，位于喜马拉雅山的西部，四面高山险峻，地形如卵状。在阿育王时期佛教传入克什米尔谷地，随着西南方犍陀罗佛教的兴盛，克什米尔地区的佛教渐渐达到繁盛点。公元前1世纪时，罽宾的佛教已极为兴盛，其重要的标志是迦腻色迦（Kanishka）王在这里举行的第四次结集。4世纪初，罽宾与葱岭东部的贸易和文化交流日趋频繁，谷地的佛教中心地位愈加显著，许多罽宾高僧翻越葱岭，穿过流沙，往东土弘扬佛法。与此同时，西域和中土的沙门也前往罽宾求经学法，如龟兹国高僧佛图澄不止一次前往罽宾学习,中土则有法显、智猛、法勇、玄奘、悟空等僧人到罽宾求法。

如今中印关系改善,且两国官方与民间的经济、文化合作与交流都更加频繁,两国形成互惠互利、共同发展的朋友关系,印度对外开放旅游业,中国人去印度考察调研不再有任何政治阻碍。更可喜的是,近年我国愈加重视"丝绸之路"文化重建与跨文化交流,提出建设"新丝绸之路经济带"和"21世纪海上丝绸之路"的战略构想。"一带一路"倡议顺应了时代要求和各国加快发展的愿望,提供了一个包容性巨大的发展平台,把快速发展的中国经济同沿线国家的利益结合起来。而位于"一带一路"中的喜马拉雅地区,必将在新的发展机遇中起到中印之间的文化桥梁和经济纽带作用。

最后以一首小诗作为前言的结束:

我们为什么要去喜马拉雅?

因为山就在那里。
我们为什么要去印度?
因为那里是玄奘去过的地方,
那里有玄奘引以为荣耀的大学
——那烂陀。

行走在喜马拉雅的云水间,
不再是我们的梦想。
边走边看,边看边想;
不识雪山真面目,只缘行在此山中。

经历是人生的一种幸福,
事业成就自己的理想。
慧眼看世界,视野更加宽广。
喜马拉雅,
不再是阻隔中印文化的障碍,
她是一带一路的桥梁。

在本套丛书即将出版之际，首先感谢多年来跟随笔者不辞辛苦进入青藏高原和喜马拉雅区域做调研的本科生和研究生；感谢国家自然科学基金委的立项资助；感谢西藏自治区地方政府的支持，尤其是文物部门与我们的长期业务合作；感谢江苏省文化产业引导资金的立项资助。最后向东南大学出版社戴丽副社长和魏晓平编辑致以个人的谢意和敬意，正是她们长期的不懈坚持和精心编校使得本书能够以一个充满文化气息的新面目和跨文化的新内容出现在读者面前。

主编汪永平

2016 年 4 月 14 日形成于乌兹别克斯坦首都塔什干 Sunrise Caravan Stay 一家小旅馆庭院的树荫下，正值对撒马尔罕古城、沙赫里萨布兹古城、布哈拉、希瓦（中亚四处重要世界文化遗产）考察归来。修改于 2016 年 7 月 13 日南京家中。

拉达克 城市与建筑
City and Architecture in Ladakh

目　录
CONTENTS

从地域文化和政治经济上讲，历史上拉达克与西藏阿里都同为一体，是名副其实的"小西藏"，地处喜马拉雅佛教文化圈内。拉达克在南亚次大陆印度的最北部，位于印控查谟与克什米尔邦的东南部，在克什米尔境内占居东部区域，西侧为巴基斯坦，北侧与东侧紧临中国新疆和西藏。喀喇昆仑山与喜马拉雅山两大世界最高山系环绕在拉达克的西北侧与南部，拉达克正处于切割这两大山系的山谷地带中，地域四周全是高山，封闭而狭长。

拉达克佛教建筑和城市、村落在选址布局、建筑类型和装饰技术上受到西藏、中亚、克什米尔及印度的多重影响。城市与建筑对于地域文化来说意义重大，它们对于本地文化内涵的表现有着相当重要的提示作用。通过梳理挖掘城市历史文化，全方位研究组成城市的建筑的布局形态以及建筑的风格特征，我们对拉达克的了解渐加深刻。这个汇聚了无限能量的高原山区，既命途多舛又与世隔绝，有着悠久的历史和文化传承的城市与村庄，建筑艺术的宝藏仍有待世人发掘。

如今，信息高速发展，多元文化消逝，全球化的来临阻碍了传统建筑文化的交流发展。拉达克地区的传统建筑技术大多是通过口口相传的形式流传下来的，随着拉达克地域的对外开放，交通更加便利，外来文化及思维模式冲击着拉达克的本土建筑文化。

我们希望通过对拉达克地方建筑风格的研究，找出藏传佛教城市和建筑在多元文化影响下的丰富多彩的思想内容和艺术表现，为我国西藏地区的古城与古建筑保护提供借鉴。

第一章　概述

历史上的拉达克是西藏同中亚与印度交通、贸易的中心和门户。拉达克素有"小西藏"之称，无论地理、民族、宗教与文化皆与西藏贴近，是中国西藏的一部分。清朝时拉达克是受驻藏大臣管制下的西藏藩属，1834 年拉达克被英国殖民者支持的锡克王国入侵，从此落入外国之手。

拉达克西北接克什米尔（巴控区），南接印度喜马偕尔邦，东临中国新疆和西藏，地处印度最北端，被划入查谟和克什米尔自治邦。查谟和克什米尔自治邦不可不谓神奇，藏传佛教的拉达克、伊斯兰教的克什米尔、印度教的查谟，像三块不同颜色的七巧板，被溪谷和高山拼接在一起。

第一节　拉达克的历史

拉达克的早期历史记载多存在于石刻的刻印文字中，这些石刻表明早在新石器时代该地区就有人类居住过。拉达克早期的居住种族是雅利安人[1]，古希腊历史作家希罗多德[2]的著作和往世文献中有关于雅利安人居住遗迹的记载。

1 世纪左右，拉达克成为贵霜帝国的一部分。2 世纪，佛教通过克什米尔地区传入拉达克西部，而此时也正是苯教[3]在拉达克东部扩张的时期。在吐蕃王朝建立之前，拉达克地域东起西藏、北至克什米尔、南到印度河的地区，其中大部分领土属于当时西藏最早的象雄古国。

象雄[4]（Zhang Zhung）是西藏早期历史上在吐蕃之前雄霸青藏高原的古国，其历史可以追溯到 18 000 年以前。由于象雄地域辽阔且位于交通要道，堪称"古代文明交往的十字驿站"。象雄其与中亚、西亚、南亚等地域都有过交流，一度成为古丝绸之路上的重要驿站。据苯教文献的传统说法，古象雄国土分为上中下三个部分，即上象雄，中象雄和下象雄。疆域西起今阿里地区的岗仁波齐，是为上象雄；东至今昌都丁青，是为下象雄；横贯藏北的尼玛、申扎一带是中象雄，包括大部分现今西藏地区和印度拉达克地区。古象雄王宫的大片遗址就位于中象

---

1 H N Kaul.Rediscovery of Ladakh［M］.Delhi:Indus Publishing Company，1998：48.
2 公元前 5 世纪（约前 484—前 425 年）的古希腊作家，他把旅行中的所闻所见以及第一波斯帝国的历史记录下来，著成《历史》（□στορίαι）一书，成为西方文学史上第一部完整流传下来的散文作品。
3 苯教在佛教传入拉达克后与其展开了长久的斗争，同时相互吸取精髓。苯教崇拜万物自然，是一种早期高原先民的信仰，历史悠久。
4 汉族学者在后期称之为"羊同"，有的也写成"象雄"，是根据藏文"象雄"两字的译音写成的汉字。

雄的当惹雍错湖边。

西藏最古老的本土宗教雍仲苯教起源于象雄中部，即处于以冈底斯山为中心的土地上，然后向其他地方发展。远在印度佛教传入西藏之前一万多年，古象雄佛法"雍仲苯教"早已在雪域高原广泛传播，是西藏人民最重要的精神信仰。

7世纪初，西藏高原上活动于雅鲁藏布江中游的雅隆部落在逐步征服周围其他部落之后，成立了有史以来首次统一青藏高原的强大的吐蕃王朝。吐蕃崛起后，象雄逐渐衰落，最初双方有过联姻，形成同盟关系，但随着吐蕃的强盛，双方关系逐渐恶化。642年，松赞干布率兵讨伐象雄，三年后取得胜利，从此象雄成为吐蕃的藩属国，而拉达克陷入大唐与吐蕃的领土纷争当中。

7世纪，唐朝的高僧玄奘西行求法，到达乌仗那国的达丽罗川[1]后，便"从此东行，逾岭越谷，逆上印度河，飞梁栈道，履危涉险，经五百余里，至钵露罗国"[2]。《大唐西域记》中记载的钵露罗国，应当包含后来的大、小勃律，其地理位置约在帕米尔高原以南、印度河的上游、喀拉昆仑山脉与喜马拉雅山脉之间的地带，也就是以现在拉达克为中心的克什米尔部分地区。这个地区与《大唐西域记》中所描述的"钵露罗国周四千里，在大雪山间，东西长，南北狭"是相似的。

拉达克早期处于君主制的西藏统治下，吐蕃王朝的统治者朗达玛（Lang Darma）于841年继位，展开禁佛运动，使得佛教遭受重创。后朗达玛遇弑，但对佛教的打压并没有告终，吐蕃王朝也随着朗达玛遇弑而开始分裂，拉达克的命运随之发生新的改变。西藏第一个王国的直系子孙、吐蕃王室成员吉德尼玛衮（Skylde Nimagon）在955年左右来到上部象雄，成为统领阿里的国王。在其统治的后期，为了避免重蹈祖先之覆辙，防止三个儿子争夺王位自相残杀，吉德尼玛衮将领土分为三份，由他的三个儿子分管了古格（Guge）、普让（Purang）和赞斯卡（Zanskar）地区，史上有名的"阿里三围"即由此得名。吉德尼玛衮的大儿子斯潘一顷（Spalgyigon）成为拉达克的第一位国王，他的王国从东部的鲁多克（Rudok）一直延伸到西边的左吉拉（Zojila），他在雪依（Shey）建造了一座王

---

1 乌仗那国，北印犍陀罗国北方的古国。其位置相当于现在斯瓦特（Swât）、旁修柯拉（Pan~jkora）两河流域地方。相传佛陀灭度时，此国之上军王亦参与舍利的分配。
2 即勃律国。《中国历史地图集》第五册"唐时期全图"（一）、（二）所示之大勃律和小勃律，其地大致相当于今"吉尔吉特—巴尔蒂斯坦"地区。该地初时称勃律，后分为大、小勃律。多数学者认为大勃律相当于今巴尔蒂斯坦之地，而小勃律则相当于吉尔吉特一带。必须指明，只有部分汉文史料中有大、小勃律之分，藏文史料中是没有这种区分的。

室宫殿。吉德尼玛衮的第二个儿子塔什衮（Tashigon）继承了古格与普让的统治权，第三个儿子洛得祖衮（Lde Tsug-gon）则继承了赞斯卡和斯必提的统治权。这一时期，藏人开始大量进入拉达克，佛教思想从以克什米尔为代表的印度东北部地区被引入该地，被后世誉为藏人的"第二次佛教传播"，即佛教后弘期的"上路弘传"。

13 世纪，南亚大部分地区被伊斯兰教征服，尽管拉达克王国希望从西藏地区谋得佛教的支持来抵抗伊斯兰教的侵蚀，但直到 17 世纪初，始终没有能够抵抗穆斯林邻国的掠夺。据《拉达克王统记》记载，拉达克国王杰央·南吉（Jamyang Namgyal）及其军队被与莫卧儿宫廷交好的斯卡杜[1]（Skardu）国王阿里·谢尔·汗·恩金打败并俘虏，虽然后被释放，但从此需要向斯卡杜缴纳年贡，格尔格拉河（Gargara/Gagra Nullah）则被划为拉达克与斯卡杜之间的内部边界。自此，拉达克王国开始走向没落，伊斯兰教的信徒开始增多。

拉达克本是阿里三围之一，一直由吐蕃赞普后裔统治（图 1-1）。随着势力的扩大，17 世纪 30 年代拉达克以武力征服了古格王朝，至 17 世纪 80 年代为止的 50 年间，拉达克几乎控制了所有的阿里三围，赞斯卡等地区的版图也被列入其北部边界。然而，在莫卧儿帝国吞并了巴尔蒂斯坦和克什米尔之后，拉达

图 1-1　吐蕃后期阿里三围示意图

克这块地域遭受到来自莫卧儿帝国的攻击，但该王国依然保持了相对的独立。

17 世纪中期，拉达克王德列·南吉（Delegs Namgyal）与不丹关系交好，17世纪下半叶，西藏和不丹开始了纷争，拉达克表示支持不丹，从而引起了西藏的不满。为了重建政权，拉达克不惜求助于克什米尔地区的穆斯林民族，并允诺穆

---

1 现位于巴基斯坦境内。其全盛时期疆域北邻喀拉昆仑慕士塔格，南接祖吉山口，东至普兰，西至奇特拉尔，其声威远及印度斯坦和伊朗的宫廷。

图 1-2　列城清真寺

林斯：国王改信伊斯兰教，在首都列城建立清真寺（图 1-2）。拉达克人野心勃勃，趁格鲁派（Gelugpa）和不丹竹巴噶举派（Kargyupa）矛盾激化之际，派兵越过阿里，进入后藏。1681 年，五世达赖派蒙古将领甘丹才旺率领蒙藏联军击退拉达克军队，乘胜追击，兵临列城，与拉达克王签订商贸协定并承诺缴纳年供后返回西藏。《颇罗鼐传》中提到：蒙藏联军统帅甘丹才旺应噶举派高僧纳若达巴的请求，接见了拉达克王，并将列城、毗突、尺塞等 7 个宗和庄园赠与他[1]，解除了他们对格鲁派的仇视，诚服于拉萨甘丹颇章政权。

　　1684 年，西藏和拉达克签约解决了双方之间的争端，拉达克的独立主权受到了严格的限制。拉达克王由驻藏大臣"节制"。1683 年，拉达克开始年年向西藏进贡。

　　直到 19 世纪 30 年代之前，拉达克都是处在清政府的管辖下，驻藏大臣惠显曾报：拉达克向与西藏通好，隔一两年差人来藏，向达赖喇嘛呈送布施；遇有与西藏交涉事件，俱禀明驻藏大臣请示办理[2]。锡克帝国[3]曾率领道格拉人（Dogra）在 1834 年和 1840 年两次入侵拉达克，拉达克两次向西藏地方政府求援无果后沦陷。1842 年，拉达克人反抗锡克帝国的起义失败后被并入道格拉土邦。战争结束后，拉达克王室在其王国仅保留部分主权，如今这种局面依然在延续。

---

1 周伟洲.西藏森巴战争［M］.北京：中国藏学出版社，2000：120.
2 周伟洲.西藏森巴战争［M］.北京：中国藏学出版社，2000：139.
3 为南亚地区曾经存在的一个国家，存在时间为 1799—1849 年，领土包含今天的巴基斯坦北部以及印度西北部的小部分地区，首都位于古吉兰瓦拉。

1948 年，巴基斯坦占领了赞斯卡和卡吉尔（Kargil），印度随后派军队进驻拉达克区域；1979 年，拉达克成立了列城和卡吉尔两个行政区；1989 年，拉达克在经历过穆斯林与佛教冲突后从克什米尔邦独立开来；1993 年，拉达克自治委员会成立。

据当地 2001 年的统计资料，列城（包括农村）的面积是 45 110 平方公里，人口是 117 232 人。宗教信仰：佛教 90 618 人，穆斯林 16 156 人，印度教 9 573 人，锡克教 507 人，基督教 338 人，其他 44 人。卡吉尔（现在属赞斯卡）的面积是 14 036 平方公里，人口 119 307 人，其中穆斯林约占 78%，佛教教徒占 20%，印度教教徒占 2%。

拉达克的城镇有三个，分别是列城、卡吉尔和帕杜姆（Padum）。列城有村落 112 个，卡吉尔有村落 129 个。较大的村落往往与寺庙联系在一起，如喇嘛玉如村和喇嘛玉如寺（Lamayuru）结合，村寺结合是地方聚落的特色。

第二节　拉达克的自然地理环境

1. 地理位置与地形地貌

拉达克位于南亚次大陆印度的最北部，地处印控查谟（Jammu）和克什米尔（Kashmir）邦的东南部，占据克什米尔境内东部大片区域。拉达克西侧为巴基斯坦，北侧与东侧紧靠中国内陆，从西藏往西走便可抵达（图1-3）。喀喇昆仑山脉与喜马拉雅山脉两大世界最高山系环绕在拉达克的西北侧与南部，拉达克便处于一条切割这两大山系的封闭狭长的山谷地带中，山谷两侧高差相距甚远，可达数千米[1]。由于世界两大山系的环绕，拉达克与印度次大陆在地理位置上被隔开。"拉达克"是 Ladakh（藏语）音译过来的，"La"

图 1-3　拉达克位置图

---

1 Tashi L Thsangspa. Ladakh Book of Records［M］，2011:53.

指山，"Dakh"是越过的意思，因为想要抵达拉达克的这片土地，必须翻越海拔4 000米的山脉，Ladakh也就是越过高山之意。

拉达克海拔3 000～6 000米，拉达克山脊平均为海拔4 500米，山峰在海拔6 000米，最高峰是Saser Kangn峰（在Karakoram Range），海拔7 680米，位于世界屋脊之上。当地居民多

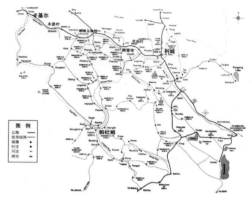

图1-4　拉达克地区重点旅游线路示意图

居住在海拔3 000多米的印度河上源，印度河由东南向西北穿过拉达克，将拉达克分为列城和赞斯卡两大部分，进入巴尔蒂斯坦（今天的巴基斯坦境内）。巴尔蒂斯坦和中国西藏有着历史的渊源和联系，有着"小西藏"之称。其疆域面积约98 000平方公里，然而人口密度却极低，仅为2人/平方公里。

拉达克是连接中印边界的纽带，古丝绸之路必须经过拉达克地域。早在19世纪初，来自瑞典的探险家斯文·赫定(Sven Hedin)就从印度进入中国大陆内部西藏、新疆等地区开展考察任务，拉达克是其必经之地（图1-4）。现在，登山者们把拉达克当做徒步旅行的终极目的地。达拉克这个遗世独立的世外桃源、与世无争的古代王国，也是佛教圣地，其文化盛极一时，拥有着无数的建筑艺术瑰宝。3世纪时，印度佛教由阿育王传入拉达克，后来西藏文化又深深影响了该地区。随着西藏佛教的传入，在接下来的历史长河中，无论从政治经济还是地域文化上讲，拉达克与西藏阿里都同为一体，是名副其实的"小西藏"。如今当地人多信仰佛教。

图1-5　优美的自然环境

图1-6　高山地带环绕

拉达克常年被冰雪覆盖，接天连地的雪山守护着"小西藏"拉达克。吉拉姆（Jhelum）河长达800多公里，泥沙经过河水冲击在山谷中形成多片小平原，山上的雪水融化，继而形成绿洲，景色宜人（图1-5），在景观上与周围突兀的高山、寸草不生的荒漠对比强烈。积雪越厚，农作物生长得越是旺盛。春天到来，积雪融化，当地人的水资源匮乏问题也随之得到解决。拉达克地处高山地带（图1-6）、沙漠地形，适宜生长的植物很少，食物种类缺乏，自然条件严苛。

2. 气候特征

拉达克特殊的地理位置决定了其独特的气候特征：拉达克位于深谷高山环绕之中（图1-7），北侧为喀喇昆仑山脉，南侧为喜马拉雅山，南北两侧皆被阻挡，直接导致每年来自北方的雨水和来自南方吹向印度大陆的季风无法进入拉达克地区。因此该地气候干燥，温差较大，南方与北方气候也有显著不同。

在拉达克地区，基本不存在夏天，全年气候基本可分为冬季及春秋季。每年的6月、7月、8月为春秋季，在7月、8月份，白天气温可达30℃以上，但晚间由于散热作用明显，空气极其稀薄，气温大幅度下降，入夜后可降至10℃以下，昼夜温差最大可达到30℃。每年在剩下的9个月中，拉达克都处于冬季，冰雪覆

图1-7　印度河横穿拉达克山脉

盖住整个拉达克地区，天气极其寒冷，平均气温会降到零下 30℃，此时的昼夜温差更大，通常可达到 60℃ 之多。冬季冰雪封住了拉达克的山路，交通极不顺畅，也正因为这个原因，近年来很多西方游客特意在冬天来到拉达克进行徒步旅行以挑战自我。人们通过结冰的河流——赞斯卡河从一个山谷或寺庙走向另一个目的地。恶劣多变的天气，危险无处不在的道路，夜间只能居住在山洞中，种种困难、各种艰险无论在精神还是体力上都考验着跋涉者。总体来说，拉达克整年气温都很低，努布拉年平均气温是 3.9℃，列城是 2.8℃，赞斯卡是 3.9℃。印度政府规定每年的 7 月、8 月两个月是拉达克对外开放的季节，因为气候较舒适，这两个月也成为该地区的旅游旺季。而每年的 9 月至次年的 6 月，拉达克所有道路便被封住，与世隔绝。

拉达克地区的气温及降水量自南向北整体呈现出一个递减的趋势。拉达克地处高海拔地区，和西藏气候极为相似，空气稀薄干燥，雨雪量极少。白天太阳的辐射非常强烈，在这种情况下，一个有趣的现象是，当一个人身体一半暴露在阳光下另一半置于阴凉的地方，中暑和冻伤的现象可能会同时发生。而相应的，在 6 月、7 月、8 月的春秋季，空气干燥，即便白天太阳照射强烈，人们也不会流汗，但是为了防止被较强紫外线灼伤，当地人往往会穿着拉达克特有的外套。这种外套既可以在春秋季用于防晒，也可以在冬季用于御寒，使身体保持恒温。当地人已然适应了温差较大的气候及冬天的严寒。由于拉达克的冬季占一年中的绝大部分，当天气特别寒冷时，人们大都尽量少出门，尤其在 12 月、1 月及 2 月。当地能源有限，白天供电也是分时段的，所以人们起床时间也相应延迟，从而节省取暖的能源。此外，冬天祭祀及结婚的行事特别多，主要因为冬季是人们的农闲期。

第三节　拉达克的经济与社会

1. 人口组成

拉达克的人口约有 260 000 人，以讲印度—伊朗语的雅利安人以及藏人为主，其中大多数信奉藏传佛教，朴实而善良（图 1-8）。拉达克由不同的部落构成，主要是蒙斯部落（Mons）、达尔德部落（Dards）和西藏部落（Tibetans）。

蒙斯部落在迦腻色迦（Kaniska）王统治时期改信佛教，是从喜马拉雅南部迁徙来的游牧民族。旧时在大多数村庄，他们的职业是木匠和铁匠。相较而言，达尔德部落则是由定居于此的有印欧血统的农民组成的。蒙斯部落和达尔德部落必须用他们的农作物和藏北高原的游牧民族交换动物产品。从拉达克到叶尔羌（Yarkand）和土耳其斯坦（Turkestan），商人在运输货物的同时也促进了文化、风俗和技术的交融。

拉达克是一个大熔炉，一个中部西藏佛教、伊斯兰教、锡克教（Sikh）和道格拉族（Dogra）、克什米尔族人文化的结合。如今，人们对拉达克的认同度日渐增加。

2. 衣着特色

拉达克男士的衣服类似于西藏外套，基本是彩色的衣边和腰带，女人们平日都穿着彩色的宽长裤或者是有锦缎腰带的裙子和长围巾。最受欢迎的女式发型是在头发底部做一个简单的字符形状或用一个华丽的银夹编织而成。对于拉达克的女性来说，织锦绸缎是富贵的标志，优雅简单的礼服代表着时尚。头戴丝绸和天鹅绒的帽子或者带有绚丽色彩的特有的头饰也是女性打扮自己的一种方式，拉达克妇女喜欢穿戴和展示有宝石镶嵌的银项链、护身符和戒指（图1-9~ 图1-12）。

3. 节庆风俗

在拉达克，没有一场社会事件或社会活动——比如婚礼或节日庆典——可以完全离开音乐而存在。过去，音乐并不是一种娱乐形式，而是宗教庆典的一部分，或者说是与人们生活相关的一部分。

西藏传统中关于达拉克宗教类的舞蹈仍保留至今。该阶段发展的是社交舞蹈（女生舞蹈 Pome-chas 和男生舞蹈 Pu-che-chas），在原汁原味的极具地方特色的婚礼或箭术竞技中这种舞蹈最为常见，这也是最符合他们的自然天性的舞蹈。从传统意义上来说，拉达克的佛教社会中没有稳定正式的教育系统，而舞蹈恰恰填补了这一缺漏，提供了一个非正式的平台。譬如，早些时候，新年的音乐会在列城宫殿的屋顶举行，贵族女士跳起舞蹈来庆祝。目前舞蹈已经成为迎合现代旅游的一种节日活动，而最初，它仅仅是拉达克丰富的文化传统中一个历史剪影而已。

4. 婚庆礼仪

拉达克的婚礼仪式通常分藏式婚礼和穆斯林婚礼。藏族婚礼一般由新郎家庭

图 1-8 拉达克妇女

图 1-9 拉达克儿童

图 1-10 著者与拉达克老人

图 1-11 街头行人的衣着服饰 图 1-12 寺院的小喇嘛

主导并向新娘家送青稞酒。通常媒人是喇嘛，倘若配对成功，喇嘛就会和双方交换意见，决定婚期。尽管在小镇里，双方家庭都会遇到婚礼资金的难题，但是社区会承担大部分婚礼宴会的费用。每个家庭都会贡献出一些物品，诸如小麦、大麦、糖料、杏、黄油或者牛奶。这些礼物被收录在一份账单里面，并以同样的方式再退还给客人家。新婚夫妇戴有仪式性的丝巾——哈达。新娘在整个典礼中坐着，矜持又娴静，而新郎则尽情欢乐嬉戏。

穆斯林婚礼和藏式婚礼基本相同，不同之处在于男女客人要分开，喝的不是青稞酒而是茶。通常如果新娘的家庭没有儿子的话，新郎要入赘女方。

婚礼是狂欢的盛会，每个人都可以获得欢乐。新生儿的降生对于家族来说也是一场盛会，届时亲朋好友都带着特殊的礼物来探望新生儿的母亲，喇嘛也会被请来为母子做祈祷和洗礼。

5. 特色工艺

拉达克地区工艺的传承有一个狭窄的基础，因为它受自身自给自足的农耕经济限制，完全依赖自身的工艺水平。生活必需品例如谷物、盐、茶和羊毛等通过传统的方式交换获得，而一些奢侈品则通过列城交易市场得来。随着货币经济的发展，以乡村为基础的传统工艺因为不够强势而无法提高它的技术。如今，大量的外来产品控制了当地的市场（图1-13、图1-14）。

拉达克本地的工艺文化未得到发展，通过当地的丝绸之路每件奢侈品都从其他一些地方买来，所以尽管每个村庄都有编织工、技工和铁匠，可他们不需要提升技术。但是，随着贸易的减少，拉达克开始发展以藏族神话为主题的地毯编织工业，只是这种工艺还处在初期阶段。

唐卡可谓拉达克文化中不可或缺的一部分，是有着严格表现法则的宗教产物，它需要接受喇嘛的圣化使得神的精神注入其中。唐卡稀有珍贵且极具特色（图1-15），拉达克的唐卡已经有300多年的历史了，早期遗存下来的唐卡的颜色已经逐渐褪去，图案也破裂了。现在唐卡作为列城的纪念品，以其自身的丰富意义吸引了虔诚信徒的目光。

图 1-13　拉达克街景

图 1-14　拉达克集市

图 1-15　唐卡观世音菩萨像

第四节　拉达克的宗教与文化

1.宗教背景

总体来说，佛教、伊斯兰教、基督教三个教派在拉达克都有分布，佛教是当地人信奉的主要教派，占据绝对的主导优势，而拉达克独一无二的社会生活特点孕育了三大教派之间的和谐和友爱。

拉达克首府列城的逊尼派[1]穆斯林有着各种各样的起源，他们中的大多数人是来自叶尔羌和克什米尔的穆斯林商人的后代。17世纪，嘉波·杰央·南吉（Gyalpo Jamyang Namgyal）邀请了来自克什米尔的穆斯林商人驻居到拉达克，由于受到皇家的邀请，穆斯林商人们享受到了特权，尽管他们的生活方式与佛教徒并没有多大不同。由于他们的商业背景以及继起的繁荣，所以对当地产生了相当大的影响。伊斯兰教徒中的许多人都遵循强硬的教条信仰，但整体上他们都有着积极的人生态度，像佛教徒一样享受生活。

基督教摩拉维亚（Moravian）传教士在1885年于列城建立了一座教堂，1899年在卡拉泽也建了一座教堂[2]。与印度其他地区一样，拉达克基督教的一个重要特征是不迎合贫穷阶级和下层阶级，主要集中列城的社会精英并且给这个受过教育的团体增添独特的社会地位。它的教徒是第一批利用西方教育机会的人，这奠定了他们先进的地位和较高文化程度的基础。多年来，基督教徒保留了一些文化传统，比如穿裙子，据此可以把他们与佛教徒区分开来。

在拉达克，政治以及民族利益一直不可避免地和宗教紧密联系在一起。佛教在这里的成功不仅仅是战胜了印度的婆罗门教和西藏的苯教那么简单。扩张主义的当权者为了巩固他们现实以及精神上的统治大力扩张边界，在拉达克推广佛教，以至边界堡垒和寺院迅速增长。拉达克的佛教一般被认为和西藏的佛教相同，源自贵霜时期的克什米尔。后来藏人在拉达克建立了自己的佛教分支，这是经过印度僧侣莲花生（Padamsambhava）和阿底峡（Atisa）的教化后变得更先进、更制度化的佛教模式。佛教的中心思想是信奉每个生灵都有得到开化的能力，同时佛

---

1 逊尼派是伊斯兰教的主要分支教派之一，是伊斯兰教的正统派，全称为"逊奈与大众派"。
2 H N Kaul. Rediscovery of Ladakh [M].India:Indus Publishing Company, 1998:114.

教的复杂性也体现在这个概念中。

2. 寺庙文化

拉达克有力的文化特质和它的寺庙机构有着紧密的联系。寺庙是丰富的佛教文化宝库和跨喜马拉雅山脉地区充满活力的佛教中心，它们一直扮演着保存古代丰富的佛教文化、传播佛教崇高的和平精神及怜悯众生精神的角色。它们的门户向俗人开放，当然也向有志于寺院生活的人开放。实际上正是这些机构多年来坚持在这片土地上传承并实践着佛教文化。

寺庙意味着一个远离世俗世界的孤独之地，通常建造在村庄上的小山坡上，寺院一层一层地随着地形升起，可以达到 6 或 7 层，主导着周围的景观，在山下村民们的生活中扮演着重要的角色。像印度教庙宇在印度的地位一样，佛教寺庙在拉达克一直具有很高的地位，是文化和教育的温床。生活在其中的喇嘛们有能力从经文中接受指示，参与各种宗教活动，这使得每一座寺庙都可以为生活在其中的喇嘛们提供宗教训练和教育的必要的设施。寺院除了发挥它们作为宗教和精神知识学习机构的基本功能之外，也作为普通教育和文化教育的神学院，从而极大地帮助了佛教文化在拉达克的生生不息，而在过去，这些都是不可能实现的。

拉达克的寺庙是独具魅力的建筑遗产，它们中的大部分结构坚固，历经时代风雨和历史沧桑，保存至今。拉达克寺庙包含经堂、喇嘛居住的宿舍、图书馆等，寺庙的大小基于它的地位和所居住喇嘛的能力。较大型的寺庙内有多座建筑，主要佛殿的大厅内多包含一尊主佛像和佛教中的圣人，经堂的墙面上有着描绘佛本生及后世中发生的重大事件的壁画，描绘了代表西藏大乘佛教（Mahayana）崇拜的宗旨，一些绘画是用来深入学习佛教教义的。

拉达克主要寺庙名称及寺庙有关的详细信息如表 1-1 所示。

表 1-1　拉达克主要寺庙

寺庙名字	该寺庙中居住的喇嘛数量（人）	该寺庙喇嘛数量占总数的百分比（%）	隶属于寺庙的村庄的总数（个）	隶属于寺庙的村庄所占所有村庄的百分比（%）	拥有的土地面积（平方米）	拥有的土地面积占总土地面积的百分比（%）
赫密斯寺	390	21.78	100	44.64	1988.3	33.54
蒂克塞寺	180	13.06	25	11.16	1307.8	21.80
利吉尔寺	120	8.70	10	8.08	263.3	4.38
皮央寺	115	8.34	14	6.25	360	6
斯皮托克寺	160	11.61	13	5.80	375.8	6.25
喇嘛玉如寺	198	14.36	16	7.14	234.5	3.91
日宗寺	100	7.25	19	8.48	496.4	8.28
达纳寺	70	5.07	12	5.35	516.7	8.62
玛卓寺	75	5.44	5	2.26	400	6.67
塔克托克寺	60	5.17	2	0.89	40.3	0.55

第二章　拉达克的城镇

拉达克位于北纬32°至36°，东经75°至78°，处于一个关键的战略位置，北边是新疆，东边是西藏，西边是吉尔吉特（Gilgit）。拉达克最初作为一个历史贸易中心闻名，那时它并不具有战略地位。拉达克的人口分布是不均匀的，呈西北到东南倾斜分布。全球最长的二十条河流之一的印度河，将拉达克一分为二，北边的努布拉（Nubra）和南边的赞斯卡（Zanskar）被分隔开来。甘宁汉[1]在他的研究中把古代拉达克地区分为5个地理区域（图2-1），它们分别是：

（1）努布拉（Nubra），在拉达克地区的西北区，有努布拉和什约克（Shyok）两个山谷。北边是喀喇昆仑山脉（Kara-Koram Range），南边是冈仁波齐峰（Kailash Range）。

（2）拉达克（Ladakh），在印度谷的中心地区。

（3）赞斯卡（Zanskar），其中包含赞斯卡山谷，范围从卡吉尔（Kargil）到拉合尔（Lahore）。赞斯卡的南部位于喜马拉雅山脉和冈底斯山脉（Transhimalaya）的北边。

（4）普让（Purang）、苏鲁（Suru）和德拉斯（Drass）山谷，现在隶属于卡吉尔。

（5）卢克图（Rupshu），在拉达克地区的东部，与斯必提（Spiti）交界。

第一节　首府列城

1.列城城区概况

列城（Leh）是拉达克的首府，海拔3 500米，紧邻中国的阿里地区，覆盖面积包括位于喜马拉雅山西部的山区以及部分喀喇昆仑山脉（图2-2）。平行于喜马拉雅山的拉达克山地包围着列城（图2-3），作为绿洲，列城堪称拉达克最富裕且粮食产量丰富的地方。列城城门口的牌坊上有三种颜色的佛塔，代表着佛教传播至此地已百年有余，面朝牌坊的左方则为私营的土站台。天空与河流远离工业的污染，清澈碧蓝。与周围荒芜的山丘相比，列城显得分外美丽迷人，在景观上形成鲜明对比。列城的老城区街巷交错，和西藏拉萨的街巷风格相似，让人走在密密麻麻的藏式建筑间完全觉察不到自己身处印度。列城主要的街市是中心街

---

1 Sir Alexander Cunningham（1814—1893），英国考古学家，英国军事工程师和考古学家。甘宁汉以创建印度考古勘探团，发现鹿野苑、那烂陀寺、桑奇窣堵坡等遗址而闻名于世。

图 2-1　古代拉达克的地理区域分布图

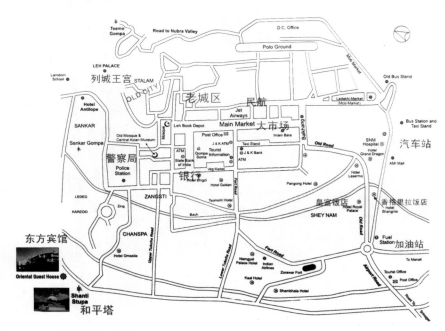

图 2-2　列城城区示意图

区，这里也是列城最热闹的地方。照相馆、小超市、商铺、餐厅、银行和邮局相对集中，排布在街道两旁，另有很多向游客售卖克什米尔珠宝首饰的商店。笔者曾经观看过日本 NHK 在 1985 年拍摄的一部纪录片，发现影片中列城的街道同现今的列城街道差别很小，可见多年来列城城市的路网交通发展较为缓慢。

2. 列城王宫

列城王宫（图 2-4）是列城宫殿建筑艺术的精华所在，是闻名于世的宫堡建筑。列城王宫坐落在列城老城区的一座山顶部，有九层楼的高度。这座旧王宫被视为列城的象征，远远看上去与阿里古格遗址极为相似。这座雄伟的建筑是在 17

图 2-3　鸟瞰山谷中的列城及周围地形

图 2-4　列城王宫

图 2-5　从列城王宫俯瞰列城

图 2-6　列城王宫入口

世纪拉达克王国鼎盛年代建造的，有小布达拉宫之称，是拉达克最早的宫殿建筑。王宫周边废墟处有多处玛尼堆和白色灵塔，另修建有两座寺庙。16世纪，在拉达克王国被塔什·南吉（Tashi Namgyal）统一后，国王塔什即在一座有历史意义的山岩上建造了能够俯瞰列城各处的堡垒。约100年后，拉达克另一位国王辛格·南吉（Singge Namgyal）将这座堡垒加建成为王宫。同时，首府列城演变成印度与中国的连接地，成为沟通两地的重要的贸易中心。闻名遐迩的西藏拉萨布达拉宫就是以列城王宫为样本兴建的。据史料记载，1906年斯文·赫定到西藏时途经拉达克，对这座古老的宫殿画了素描。不同于布达拉宫里陈列着丰富的珍藏品，列城王宫目前正在维修，室内可供参观欣赏的物品很少，但室外却是观览城市极佳的地点，站在宫殿的顶上能够俯瞰拉达克和喜马拉雅山脉以及整个列城的风貌（图2-5）。

列城王宫整体是石木结构，下部宽上部窄，结构较为严谨，基础设在岩层上，宫殿的外墙比较厚，建筑抗震能力强，稳定坚固。墙面粉饰，建筑下部是白色，顶部檐口粉饰红色，简洁鲜艳。窗檐以及屋顶采用木质结构，起翘的屋角，向外挑起的飞檐，鎏金铜饰，建筑样式与布达拉宫极为相似，梁枋上雕饰的华丽图像鲜艳精致，柱身上彩画也很精彩，具有浓重的藏传佛教风格（图2-6~图2-10）。身处其间，感觉神秘而震撼。进入主殿，其外墙面上绘制有规模较大的六道轮回壁画，这一题材样式在唐卡中极为常见，不过相较而言，列城大殿内的这幅唐卡更为生动精美：象征轮回的盘被紧持在阎罗法王的口和四爪间，共分成六部分，最中间的图像是鸽、蛇、猪，分别象征着贪、嗔、痴。进入一旁的侧殿，首先看到的是一尊有两三层高的阿弥陀佛像，周围的墙壁上绘制有莲花生大士（Padmasambhava）画像和佛本生故事等。从山脚向上仰望，列城王宫气势磅礴、巍峨雄伟，在拉达克雪山与蓝天的美妙景色的映衬下，显得更加圣洁、庄严和壮丽。

3.南吉泽莫寺

列城王宫的门前有一条曲折的小径通向山上的南吉泽莫寺（Tsemo Gompa）（图2-11~图2-15），这座寺庙修建于16世纪，很多地方已经崩塌毁坏了。在《拉达克再发现》（Rediscovery of Ladakh）一书中提到：南吉泽莫寺是塔什·南吉建造的，它是宗教和历史遗迹的场所，正因为如此拉达克国王采用"南吉"作为他

图 2-7　列城宫殿立面

图 2-8　装饰着木刻与彩画的入口大门

图 2-9　列城宫殿门楼和檐口

图 2-10　列城宫殿木雕刻和彩画

图 2-11 南吉泽莫寺建筑群 1

图 2-12 南吉泽莫寺建筑群 2

图 2-13 南吉泽莫寺的经幡

图 2-14　南吉泽莫寺的石刻　　　　图 2-15　南吉泽莫寺建筑群 3

们的名字。这里被印度考古研究机构认定为历史遗迹。

　　据当地人介绍，尽管这里没人居住，但是一个外来寺庙的喇嘛从早到晚都在寺庙里点灯。南吉泽莫寺，由阿弥陀佛殿（Amitabha）、贡康殿（Gon-Khang）和塔什·南吉大殿三部分构成。体积较大的阿弥陀佛像摆放在南吉泽莫寺的阿弥陀佛大殿中，殿墙上还绘有释迦牟尼（Sakyamuni）、观世音菩萨（Avalokiteshvara）、莲花生大士和绿度母（Green Tara）佛像。贡康殿内的一面墙上画有塔什·南吉的肖像，人物蒙着面纱十分有趣。《拉达克再发现》评述说寺庙主要是献祭给凶猛之神的，但它的壁画却描述了神佛仁慈的一面。在众多佛像中，度母佛（Tara）、宗喀巴（Tsongkha-pa）和释迦牟尼佛像的表情是比较愉悦的。寺庙附属殿堂保存完好，平日里殿门紧锁。从南吉泽莫寺的屋顶处眺望远方，喜马拉雅山脉横亘在眼前，雪山重重，接天连地般守护着列城，守护着拉达克这个久远的神谕，这片古老的地域。

4. 斯托克宫殿

　　谈到列城王宫，笔者认为，另有一座很重要的宫殿不得不提，那就是斯托克宫殿（Stock Palace）（图 2-16~ 图 2-18）。斯托克宫殿所属的村庄距离列城 15 公里，自从 1842 年国王被道格拉人废除了以后，这里就成为所有王室成员的住所。《拉达克记录》（Ladakh Records）一书中介绍：斯托克宫殿是 1825 年建立的，它是一座收藏有趣儿的收集品的博物馆（图 2-19、图 2-20），其中包括国王的王冠和纪念日穿的衣装、王后的绿松石发饰、其他一些珠宝甲胄和一系列可以追溯到塔什·南吉国王统治时期的宗教图画。斯托克宫殿的庆典在藏历的第一个月举行。

图 2-16　远眺斯托克宫殿

图 2-17　位于山顶的斯托克宫殿

图 2-18　斯托克官殿塔群

图 2-19　斯托克官殿博物馆立面

图 2-20 斯托克宫殿博物馆展示的历史照片

第二节 其他城镇

拉达克地区的城市除了首府列城外，还有卡吉尔（Kargil）、帕杜姆（Padum）等城镇。

1. 卡吉尔

卡吉尔县（Kargil）为拉达克自治山区发展委员会（Ladakh Autonomous Hill Development Council）下属二县之一，是拉达克在查谟和克什米尔的印度国家卡吉尔地区的总部。印巴分治以后，印度占领拉达克地区并成立拉达克县，1979 年 7 月 1 日，印度政府将拉达克县一分为二，西半部为卡吉尔县，东半部为列城县[1]。卡吉尔是拉达克继列城后的第二大城市，西北距离德拉斯（Drass）和斯利那加（Srinagar）

图 2-21 卡吉尔地理位置图

---

1 http://zh.wikipedia.org/wiki/卡吉尔县

分别有 60 公里和 204 公里，东距列城 234 公里，东南距帕杜姆 240 公里，南距新德里 1 047 公里（图 2-21）。

（1）地理

卡吉尔位于印度河畔，平均海拔 2 676 米。与喜马拉雅山脉的其他地区相同，属于温带气候类型，夏季炎热，夜晚凉爽，而冬天漫长且寒冷，气温经常下降到零下 48°C（零下 54°F）。

（2）交通

除了一条连接斯利那加至列城的印度国家高速公路（NH1D）通过卡吉尔外，卡吉尔还有一个机场，以及一条著名的全天候公路，名为卡吉尔—锡卡都路，连接卡吉尔与锡卡都，后者是吉尔吉特—巴尔蒂斯坦的一座城市。但由于巴基斯坦占领了吉尔吉特，道路已经封闭。虽然印度政府一直以人道主义姿态提出重新开启使用这条道路的要求，但已经被巴基斯坦政府拒绝。

（3）人文

现在的卡吉尔由于 1947 年的印巴分治而划入巴基斯坦的管辖范围内。2001 年的人口普查中，卡吉尔地区有 119 307 人。2011 年的人口普查显示，人口增长了 20.18 %，至 143 388 人（相当于查谟和克什米尔地区总人口的 1.14 %），占人口 10 % 的 6 岁儿童中男女的性别比为 1 000∶776。人口密度 10 人 / 平方公里。卡吉尔有 74.49 % 的平均识字率，高于 74.04 % 的全国平均水平，男性识字率 86.73 %，女性识字率 58.05 %。

卡吉尔人主要为藏人和雅利安人混合血统。起初，卡吉尔的居民大多数是藏传佛教的信徒，直到 14—15 世纪时，穆斯林传教士开始改变当地人的信仰。今天，卡吉尔 90% 的人口是什叶派穆斯林，5% 为逊尼派，还有 5% 为藏传佛教徒。卡

图 2-22　鸟瞰卡吉尔镇

图 2-23　临河建造的老镇区

图 2-24　老街

图 2-25　老街的传统建筑　　图 2-26　商店的蔬菜和水果

吉尔旧的清真寺建筑融入藏族和伊朗的风格，而新建清真寺建筑倾向于遵循现代的伊朗和阿拉伯风格。

卡吉尔镇在河流的转弯处，这里河面开阔，水流平缓。老镇区贴着河岸发展，老街上开设了很多商店，人来人往，熙熙攘攘，方便了山区村民的出行和购物，凸显其重要的商业贸易功能，成为克什米尔地区的边境重镇（图 2-23~ 图 2-26）。

2. 帕杜姆

帕杜姆（Padum）是从莲花生大士（Padmasambhava）之名演化而来的，它是赞斯卡地区唯一的镇和行政中心，在历史上曾经是赞斯卡王国的首都，距离卡吉尔县 240 公里（图 2-27）。

帕杜姆人口约 1 000 人，传统的镇中心位于哈尔宫的下方，有两座佛塔矗立在老建筑上。NH01 高速公路建成于 1980 年，连接了帕杜姆和卡吉尔县。帕杜姆有几家旅馆和一个邮局。

帕杜姆是赞斯卡山谷的中心，平均海拔 3 657 米（11 998 英尺）（图 2-28）。穿过帕杜姆的东北部的几座村庄即可通往著名的卡夏寺（Karsha）。

帕杜姆的主要居民是遵循藏传佛教的有藏族血统的人，但也有一个相当大的穆斯林少数民族群体自 17 世纪以来一直居住在这个地区。

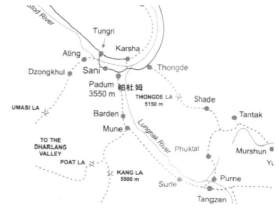

图 2-27　帕杜姆地理位置图

帕杜姆有一些著名的佛教寺院，包括巴尔丹（Bardan）寺的卡夏寺（图 2-29）和新建的达赖喇嘛寺丰塘（Photang）。

图 2-28　帕杜姆美丽的自然风光

图 2-29　远观帕杜姆的卡夏寺

第三节　拉达克典型村落

　　拉达克的村落分布可以划为两大片：列城和赞斯卡。大部分村落的布置多是沿河或沿公路交通线，和历史形成的道路相重叠。列城地区最主要的村落坐落在经过列城印度河的上下游两侧，位于河北岸的道路将村落和寺庙像一串珍珠般串联起来，拉达克最重要的寺庙都矗立在这条交通线上。印度河的上游发源于中国阿里的狮泉河，形成地理上天然的纽带，而沿着河谷、翻越山口的道路则是历史上西藏与中亚的重要贸易通道，有麝香之路的美称。如今政府对这条历史通道加以利用，改造扩建，形成了具有战略意义的边境道路。

　　卡吉尔城镇的南边是苏鲁河（Suru River），河谷风景优美，河的上游是密集的村落。苏鲁河与哇卡河（Wakha）在卡基尔城镇汇合后，向北流入巴尔蒂斯坦。赞斯卡的村落集聚在斗达河（Doda River）的上游，该河的下游在尼木（Nimu）附近汇入印度河。赞斯卡村落之间的交通不便，尤其是冬季，需要冒着很大的风险，徒步数日才能进入，艰难往往变成了旅行者勇气和意志的挑战。赞斯卡河谷地带风景极佳，是徒步旅行者梦寐的天堂。只是囿于地理位置和交通，游人极少涉入。

1. 木碧村

木碧村（Mulbeck）位于斯利拉加和列城的公路之间，距离卡吉尔约 39 公里。村庄位于哇卡河谷地的北坡，十几栋建筑沿山坡高低布置。木碧村民居为典型的藏式碉房，石木结构，2～3 层。紧邻路的北侧是一排喇嘛塔，形成村子的入口。沿着山路向上走，视野开阔，河流谷底是藏民的庄稼地，夏季呈现出青绿的色彩。紧贴公路的南边是一座寺庙，依山崖而建。进入寺庙，迎面便是雕刻在岩石上的弥勒佛（Maitreya）或未来佛。佛像高 8 米，被认为是拉达克最高的岩石雕刻，塑像雕刻的时间约为 10 世纪，如今被印度考古学会列为文物加以保护，并在寺庙入口树立保护标识。寺庙的规模很小，有经堂一座（图 2-30~ 图 2-45）。

图 2-30　藏式建筑和村落

图 2-31　路边藏式民居

图 2-32　村子入口

图 2-33　新修过街塔 1

图 2-33　新修过街塔 2

图 2-34　正在施工建造的藏式民居

图 2-35　砌筑土坯墙

图 2-36　加工的木构件

图 2-37　屋面基层用的荆条

图 2-38　路边晒干的土坯砖

图 2-39　从山上村落看寺庙

图 2-40　寺庙入口文物标志牌

图 2-42　从院内看未来佛立像 1

图 2-41　未来佛立像

图 2-43　寺庙内院

图 2-45　村中并存的清真寺和佛教寺庙

图 2-44　寺庙经堂

2. 喇嘛玉如村

喇嘛玉如村（Lamayuru）位于列城和斯利那加公路旁，距离列城 126 公里。村落围绕寺庙而建，因寺庙而闻名。据传，多年前这里曾是一个湖泊，湖水干枯后便形成今天类似阿里札达土林的独特地貌。这里早期的寺庙、僧人和村民都住在洞窟中，大师也在洞里修行。今天村边的洞窟遗址依然存在，僧人仍然在利用古老的洞窟打坐和住宿，不禁使人联想起遥远的象雄时期藏民和苯教教徒一起住在洞窟里、山上山下炊烟缭绕、返璞归真的景象（图 2-46~ 图 2-59）。

喇嘛玉如村庄是"印度真正的风景如画的村落，美得仿佛不存在现实当中"。它的寺庙也是最古老的，是伟大的学者和译者仁钦桑布（Rinchen Zangpo）在 11 世纪所建造的 108 庙之一。最初这个寺庙拥有约 400 位僧人，但随着时间的流逝现在已经不足 30 位了。

图 2-46　村落全貌

图 2-47　土林地貌

图 2-48　村西侧

图 2-49　从寺庙鸟瞰村落

图 2-50　废弃的洞窟

图 2-51　洞窟

图 2-52　废弃的寺庙僧人住处

图 2-53　村中的道路

图 2-54　村中玛尼堆

图 2-55　村中塔群

图 2-56　过街塔 1

图 2-56　过街塔 2

图 2-56　过街塔 3

图 2-57　过街塔内壁画 1

图 2-57　过街塔内壁画 2

图 2-57　过街塔内壁画 3

图 2-58　过街塔内藻井

图 2-59　塔内擦擦

3. 巴郭村

巴郭村（Basgo）因寺得名，位于列城和斯利那加 公路旁，距离列城约48公里。寺庙建在山头，村庄建在山下，大殿体量很大，鸟瞰村落，在空间上成为主导，突显了寺庙在精神世界的绝对权威和影响。巴郭村拥有拉达克历史最悠久的玛尼堆，离村不远还有一处集中的喇嘛塔群（图2-60~图2-76）。

图2-60　远看巴郭寺与村落　　　　　图2-61　巴郭村田园风光

图2-62　从寺庙看巴郭村全貌　　　　图2-63　鸟瞰巴郭村

图 2-64　村中山路

图 2-65　村中藏式民居

图 2-66　民居入口立面

图 2-67　村东头塔群 1

图 2-67　村东塔群 2

图 2-67　村东塔群 3

图 2-68 与阿奇寺类似的过街塔

图 2-69 过街塔内藻井

图 2-70 过街塔内壁画

图 2-71 村西塔群

图 2-72 村西塔群主塔

图 2-73 塔身纹饰

图 2-74 村东塔内藻井

图 2-75 村中石头棋盘

图 2-76 村中调研

第三章　拉达克的建筑类型及特色

第一节　宫殿、王府建筑

一般情况下，对拉达克地区的所有建筑来说，宫殿或者为贵族及有影响力的家族设计的大型住宅建筑并不是拉达克最受重视的建筑，相比宫殿和王府建筑佛教建筑往往有着更重要的地位。

关于拉达克地区 15 世纪以来的人类建造活动我们知之甚少，只有很少的资料可以帮助我们了解当时的宫殿的建造发展过程，在这个地区仅仅有 6 座宫殿的建造结构是有记载的。这一时期的宫殿除了斯托克宫殿都被弃置了，它们之所以被弃主要是因为房主的迁移和缺少足够的资源来管理和修缮房屋。

大多数的宫殿例如泰格（Tiger）、第斯提克（Diskit）、汉德（Hunder）和阿奇宫殿（Alchi，图 3-1~图 3-6），都有基本的规划，唯一的不同是它们的规模大小有区别。它们的共同点是房屋存储食物和动物饲料的空间以及下人房的楼层都位于下层，这些下层空间常常有两至三层。上层部分是供房主居住的，并有一个大的厨房和几间卧室。因此，这种房屋一般会有四至五层。但关于宫殿建筑的层数也并没有统一的形制，例如在努布拉山谷的泰格镇的宫殿就只有三层高。

这里的海拔高度决定了建筑的形式，一般面朝南以获得最长时间的日照。但是位于底层的房间大多数是没有任何光线的。中间的楼层有一些小的矩形缝隙可以为储藏空间通风换气。上层部分几乎都用于居住，并且有大的长方形的窗户，或者有大的阳台。这些设施在保证室内与室外空气流通的同时，也可以让人欣赏到户外山谷和高山的风光，或者观察小镇里人们的日常活动。楼板和屋顶都是用土砌成的，内部的墙壁又粉刷一层泥灰，使得保温效果更佳。屋顶是平顶，在边缘有低矮的栏杆。从远处看，栏杆仿佛一条黑色的丝带。

由于宫殿需要建在地基十分稳固的地方，所以通常选择地下有坚固岩石的位置，同时用碎石和泥灰加固到一至两层再开始建造房屋。房屋的建筑材料不是石砌的就是土砌的，在拉达克后者居多。为了抗震，很多的土砌大房屋常用木梁来进行加固。它们的墙壁也常采取加固措施，通常底部的基础较厚，而越往上越薄。

拉达克最著名的宫殿建筑是列城王宫，它的构造结构符合宫殿建筑的形制。它坐落在山顶上，有九层高，为石木结构，外墙用泥灰粉刷，建筑整体十分坚固。进入该建筑，登上上层，可以俯瞰整座城市的风光。

图 3-1　阿奇宫殿外立面

图 3-2　阿奇宫殿坐落在岩石上

图 3-3　阿奇宫殿下层的储藏室

图 3-4　阿奇宫殿的厨房灶台

图 3-5　阿奇宫殿的楼面

图 3-6　阿奇宫殿的窗户

第二节　其他公共建筑

（1）宗教建筑

佛教在拉达克是占主导地位的宗教，加强和丰富了当地的文化，在拉达克，几乎没有单独或者集体的宗教活动仪式不是在有标志性宗教建筑或者构筑物的地方进行的。佛教，不仅在早期有鼓励人们生活的作用，而且几百年里也留下了很多富有特色的景观。在喜马拉雅山脉的西部我们发现了科贡（Kagan）佛塔、拉特斯（Lhatos）、马特拉脉轮（Matrachakras）、曼尼·林格莫斯（Mane Ringmos）和雷克瑟姆·根伯什（Riksum Gombos），这些宗教景观占据了重要的地位，是地区佛教社区生活存在的标识。佛塔和曼尼·林格莫斯一般位于村庄的入口，马特拉脉轮常建在重要的路口，但是它们更小的版本嵌在临街的围墙上，比如在居民区周边、山头上或者上山的路上（图3-7~图3-9）。大多数的房屋上都有风马旗，表明了佛教的重要地位。通常，房屋的入口处放置佛塔以防止有恶魔进入。可以毫不夸张地说，喜马拉雅山脉的西部景观即是佛教景观。

（2）城堡

拉达克还有一类建筑是城堡，它与宗教无关。很难将拉达克的城堡按照时间进行分类，因为它们都太破败了，难以考证建成年代。拉达克地区的大部分城堡建在山头上，它们的功能要求它们需要布置在可以俯瞰最广阔空间的地方，也有

图3-7 列城路边的小佛塔

图3-8 列城交通环岛上的小庙宇　　图3-9 列城街道上的过街塔

一些城堡位于佛教建筑和宫殿的附近，但是大多数城堡中没有任何可以供人居住的区域。

所有的城堡都有一个共同的功能就是起到瞭望塔的作用，可以用于观察敌军的军事活动和发送防御信号。城堡通常有三至六层高，顶部做成阳台的形式。城堡主要的建筑材料是石头和土，墙壁大概有 2~3 英寸（6.7~10.0 厘米）厚。图 3-10 至图 3-13 为萨克提城堡（Sakti）[1] 和阿奇寺附近的城堡。

图 3-10　远观山头的萨克提城堡

图 3-11　萨克提城堡的角楼

图 3-12　阿奇寺附近城堡 1

图 3-13　阿奇寺附近城堡 2

1 萨克提是印度恰蒂斯加尔邦（Chhattisgarh）詹吉·查姆帕（Janjgir-Champa）县的一个小镇，人口有 20 213 人，小镇的一座山坡上坐落着一座荒弃的城堡。

第三节　列城及周围民居

在拉达克特殊的社会文化背景下形成了喜马拉雅山脉西部的佛教徒家庭的特殊传统——房屋作为家庭财产通常是传给长子的，即使是在父亲去世之前也是如此。拉达克还有一个古老的传统，这个传统明显源于佛教，即把家中较为年轻的儿子送到寺院去当僧侣，并期望他们将来能够成为神职人员，这样就可以让长子来继承一份完整的财产。这个传统在过去被完整地执行着，因为这是基于封建时代的经济基础和社会现实的。

拉达克地区地形复杂，当地可以耕种的土地十分有限，并且很难被扩大。该地区不仅降水量少，灌溉主要依赖于融化的雪水，而且山多且陡峭，任何可以利用的平地在过去都被开垦了。在自然条件如此受制约的情况下，不再细分土地的继承方式被认为是最成功和实际的解决方法。被剥夺了继承权的次子们为了生活进入寺院成为僧侣，次子们在寺院的生活支出由长子来承担，但这仅仅是家族花销的很小一部分。这个传统保证了一个家族可以只拥有一栋房子作为祖传的财产和整个家族的标志。长子在过去通常会留长发，同时承担着结婚和繁育后代的责任。如此，很大比例的男性人口都是独身，在一夫多妻制的地区这是非常独特的。

在拉达克，一个家族的掌权者迎娶了一整个家庭的姐妹的现象是十分常见的。尼姑庵并没有发展到很高的水平，所以只有很少部分的女性去当尼姑，而在一夫多妻的系统中仍有很多的未婚女性。在拉合尔的民居，建筑规模更大一些，因为整个家族包括已婚的儿子们，一起住在祖宅里，不像在斯必提，所有的次子都过着僧侣的生活。

当地的民居通常是有围墙的（图3-14、图3-15），围墙的内部包括房屋和一些由有水槽的低矮的石墙分隔的牛棚。房屋一般有两层，第一层主要用于饲养动物，包括犏牛和奶牛，以及绵羊和山羊，有单独的入口。厕所也布置在一层，厕所下有凹槽，可以将人畜的粪便排入田野中。

二层是家庭生活空间，它通过单独的楼梯和地面连接（图3-16、图3-17），同时也可以从内部到达一层的饲养动物区。在一层最重要的生活空间就是厨房（图3-18），一般会有木质的碗柜，装满了古老而传统的餐具（图3-19），这些物品一代又一代地传了下来。每天都使用的搪瓷和塑料餐具是拉达克家庭所熟悉的，它们来自于列城普通的集市。传统拉达克式样的坐椅和低矮的桌子沿墙而放，人们常坐在椅子上品尝自酿的青稞酒。二层有家庭休息室、卧室、祈祷室、客房和储藏间（图3-20）。祈祷室布置释迦牟尼像和一些唐卡画，是用于各种家庭庆祝活动的地方。储藏间用于堆放杂物（包括用麻袋装的粮食、干肉和水果）。

厕所只是简单的在地板上的一个方形凹坑蹲厕，粪便被定期清除并用做田间的肥料。

图3-14 拉达克民居1

图3-15 拉达克民居2

图3-16 室外楼梯直接通往二层

图3-17 室内通向屋顶晒台的楼梯

图 3-18　住宅底层的厨房与灶台

图 3-19　厨房里的碗柜

图 3-20　二层家庭起居室

图 3-21　玛卓民居的屋顶晒台

　　拉达克的民居屋顶是平的，可以用来堆放晒干的杜松灌木供冬天使用，同时也可以用于晾晒衣服、食物、动物的毛皮和晒太阳（图 3-21）。实际上，当地人建造平顶的原因是没有合适的建筑材料（如石板、木板或者地砖）能够形成一个覆盖的屋顶，而平顶则可以简单地用泥浆覆盖。

　　在冬天，平顶的功能也是十分重要的。当积雪堆满了房顶，屋顶下的一层就成了可以温暖身体和晒干食物、毛皮的空间。但是屋顶上的积雪每天都要铲除，因为橼子不能承受过重的负荷。因此，当积雪在屋外的周边地区堆积得很厚的时候，屋顶仍然能幸免于难。

　　严寒的冬天和令人愉悦的夏天在这个区域的温度有很大的差别，在冬天气温低至 −30℃，夏天气温高至 35℃，这种变化对于人们的生活有很大的影响。冬天，家族中所有的牛群都从草场回圈，为避开风雪必须让牛群待在室内，所以房屋第一层用于圈养牲畜和储藏饲料，这在拉达克是很普遍的。一层外的户外空间不仅可以让家畜在冬天享受到阳光，还可以让它们在夏天待在草丛中。一层和上层的功能分区是十分必要的。首先，它可以让房屋的主人方便地照看他们的动物，内部的楼梯使得上下的交通活动十分便捷。其次，一层动物身体散发的热量在冬天可以提高房屋的温度。冬天当室外所有的生命都进入休眠的时候，牛群便进入了室内和主人生活在一起。更特别的是青稞酒就堆放在厨房的旁边，而酿制青稞酒的过程中产生的热量也使冬天的房屋变得温暖。

房屋内墙使用的材料是碎石和泥土砂浆，表面抹的是泥灰。地下室部分作为马厩和储存燃料的储藏室，储藏室的上部是冬季厨房，用来存储食物。室内有楼梯可以通向厨房，这样在冬天也能轻易获得水果、肉类和存储在麻袋里的大麦。

供人居住的第一层，有家庭休息室，还有祈祷室和小的祭坛，用于私人祈祷。祈祷室（即经堂）是一个大厅，一般尺寸在 8.8 米 × 5.5 米左右，具有重要的宗教功能。当寺庙的僧侣被邀请举行多天的诵经时，这里也是供僧侣们吃饭的地方。在信奉佛教的家庭里祭坛的尺寸根据家族的财富和地位有明确的规定，因为举行宗教仪式非常昂贵，同时也和僧侣的人数还有举行的天数有关。当地的居民经常在一起讨论各个屋主举行宗教仪式所邀请的僧侣的数量。

由于坚持使用天然的、几乎未经改造的建筑材料，藏式建筑早已获得了"生态学建筑"的美誉。石头、泥土、黏土、木材（图 3-22、图 3-23）便可基本满足藏式传统建筑的修建之需，做出耐用的构件，足以应对种种气候环境。石头地基，以土坯密砌并充填结实的墙壁，既厚又高，各种木构件实用而易加工，窗子小到绝不会有损墙壁的坚固，天花板宜于隔热保温（图 3-24）。梯形外观兼之建筑材料质朴自然的暖色（白、米黄、褐色、栗色、绛红、黑色）与周围环境极为谐调（图3-25），建筑与环境之间无论从审美还是从技术上都相得益彰。

列城周围的民居多数是一层的平房建筑抑或是二三层的小楼，皆是平屋顶，

图 3-22　玛卓的木匠在加工木材　　图 3-23　木工工具

图 3-24　拉达克民居室内

图 3-25　拉达克新建民居外观

与藏式民居的风格极为相似（图 3-26~ 图 3-28）。这种平屋顶的民居风格形式距今至少有一千年左右的光景。史料有记载，诸如在《旧唐书·吐蕃传》中写道："其国都城号为逻些城，屋皆平头，高至数十尺。"另外，《新唐书·吐蕃传》中亦称："屋皆平上，高至数丈。"由此可推测吐蕃历史时期列城周围的民居建筑样式。

　　在实地调研中，我们走访了很多村落，诸如玛卓寺下的民居、斯托克宫殿周边的民居以及列城王宫下的民居群。这些建筑多在寺庙的山下平地上修建，依附于寺庙或者王宫。平面形制为方形、矩形或是 L 形，南向开门，层高 2.2~2.4 米。在二至三层的建筑中，一层作为杂物间使用，无窗扇开启。二层则普遍建有起居室、卧室、贮藏室、经堂等，起居室多为方形，所占面积较大，通常用做接待客人和生活生产，以 2 米×2 米的柱网为一个单元结构，形成 4 米×4 米的平面布局。当地居民的起居室，采用的是厨客一体（图 3-29）的藏式民居模式，内部的家具沿着墙面布置，能够有效利用空间，使用起来非常方便。起居室布有茶桌、藏柜（图 3-30）、灶神、卡垫床、坐椅等家具，橱柜里摆有各种锅碗勺羹、大大小小的盘子等厨具用品，总体来说体量不大但用途较多。起居室两侧房间作为贮藏间，面积比较小，室内的彩绘装饰单调。起居室的右侧靠墙处是楼梯间，通往各个房间以及上下楼层。第三层也就是顶层（多数民居建三层）分成晒台和平顶两大部分，晒台在前，是居民在日常生活中休息劳作以及晾晒农作物的场所。

民居建筑外围设有庭院，院落的墙体材料可用夯土或者土坯砖甚至是柴薪叠砌而成。起居室、贮藏室、厨房、内庭院和杂物间等功能关系都处理得比较合理。外墙窗扇风格普遍整齐统一，在视觉上给人以明显的秩序感，室内的装饰也较为统一。具有藏传佛教典型意义的图案沿袭了民居建筑一贯的规律特点，即对称、

图 3-26　俯瞰列城居民区

图 3-27 玛卓寺下民居外观

图 3-28 列城官殿下的民居外观

图 3-29 厨客一体

图 3-30 玛卓寺下民居内橱柜茶座

连续、方圆组合的构图形式规范而有序。可以说，宗教模式的传承搭建了艺术装饰的规律框架。对此，著名西方美学家贡布里希对这种艺术上的秩序感有所阐释，大致意思是："从心理学上出发，规律的这种表现模式是人体大脑的产物，它有控制能力……正是在自然界中的混乱与这种秩序间的鲜明对比唤醒了我们的感知度。"因此，列城民居的艺术装饰形式与居民的心理需求联系紧密。

从建筑材料上来考量列城民居，一般采用石木结构，石砌墙体中碎石与方石层层叠压，其中的缝隙用泥来填实。列城民居墙体所用的材料其实种类很多，没有固定的某一类，譬如有些建筑墙体上部分是土墙，下部分则用石堆砌成；有些建筑墙体采用土坯砖材料；而大多数墙体结构是土坯砖在上，夯土在中，石砌材质在底部，土、石、砖结合使用。从外观上看墙体上部有收分，但是内部实则垂直。其建筑构造也有特别之处：梁柱分开间接连接，柱头上方放置短斗，长斗压在短斗上，梁又压在长斗上，两梁端部连接在长斗上，檩条设于梁上，最后以木棍铺设于檩条上，屋顶用黏土夯实。四周墙面另砌有女儿墙，女儿墙的做法是先砌短木，再铺设长木。经幡一般插在屋顶四角处位置建成的墙垛上。土坯墙厚通常为40~50厘米不等，毛石墙厚在50~80厘米之间。各种材料结合在一起，成为十字结构紧密咬合，使得民居墙体坚固，室内冬暖夏凉，可以适应列城的高原气候，并且有良好的抗震作用。

第四节　地域文化特色

独特的自然地理环境、宗教民俗和多元文化的融入形成了列城民居的自身风格，即趋同于西藏民居，表现在建筑的基本功能、造型色彩、所用的建筑材料、结构构造以及装饰艺术上的相似性上，一定程度上也反映了拉达克地区与西藏地区的文化统一性。究其源头可归纳为三点：

第一，与西藏类似的自然地理环境。独特的自然环境为当地民居提供了基本的建筑材料，民居多就地取材、有效利用自然资源。人们在常年实践生活中总结出一套丰富的经验，譬如，木柱源于本土的山林，用来修建梁架；山地土质黏度较大的部分用来修葺墙体，百年不毁；除此之外，用于粉饰木质门窗的红色涂料是直接从山谷里提炼出来的具有黏性的矿物质，防晒、防漏、防雨。另外，居民按照本土建材资源情况定夺建筑结构：如若木材较易取得，黏土质量合适，那么建筑结构则适宜土木结构，墙体的修建方法为夯筑或者是土坯修砌；如若石材较为丰富，则建筑结构适宜石木结构，采用石墙体砌筑的营建方式；如若各类建筑材料都比较丰富，那么泥、木、石的混合结构也会出现在民居建筑当中。这些石木材料和黏土材料的使用都体现出拉达克地区建筑材料的选择依附于自然界的馈赠。

另外，干燥多风寒冷的气候使得当地民居在建造伊始会比较注意避风和保温。民居多修建在向阳背风之地，门窗开启的方向多为顺风向。楼层面铺设厚厚的保温层，普遍有二到三层填充物：木板为一层，树桠为一层，木渣树叶又为一层。另需覆土夯筑，再在土层上铺设地板。建筑封闭性好，墙体厚实，这些措施都起到了御寒挡风保温的效果。

第二，类似的宗教信仰。列城周围藏传佛教的教派分支种类多样化，每一地区信奉的教派直接影响到其文化的表现方式，而民居又恰恰承载了人们的精神文化，当地多数民居与其所属的寺院装饰样式类似，从装饰纹案色彩风格上来说是本土寺院装饰艺术在民居上的一种传承延续，说明了人们对本土寺院艺术样式的膜拜赞赏。

第三，多元文化影响。拉达克自古就是丝绸古道以及中亚、印度、中国西藏、克什米尔等地区交汇之地，拥有显著的多民族、多元文化融合的特色。

总体来说，以列城为中心的拉达克范围内的民居建筑艺术风格的形成是自然环境与文化宗教共同作用的结果。该地区的民居是拉达克人民在应对自然、承接文化的同时，依据个体的需求而创造出的成果，将居民的精神与物质生活有机结合，呈现出别具特色的艺术魅力。

1. 以列城宫殿（小布达拉）为城市象征（图 3-31~ 图 3-33）

图 3-31 空中看列城河谷地带

图 3-32a 老城区鸟瞰（城东）

图 3-32b 老城区鸟瞰（城西）

图 3-33a 从老城区看列城宫殿（东向西）

图 3-33b 从老城区看列城宫殿（南向北）

2. 以历史街巷为城市肌理（图3-34~图3-41）

图3-34a 列城主要街道（由北向南）

图3-34b 列城主要街道（由南向北）

图3-35 老街入口

图3-36 集市入口

图3-37 藏式风格的城市建筑

图3-38 冬季雪后的主街道

图 3-39　城区送水

图 3-40　老城区过街楼

图 3-41　小巷 1

图 3-41　小巷 2

图 3-41 小巷 3   图 3-41 小巷 4

3. 以宗教建筑为城市灵魂（图 3-42~ 图 3-46）

图 3-42 城区清真寺

图 3-43　城区新寺庙

图 3-44　寺庙集会

图 3-45　老城区塔群

图 3-46 佛教神龛

4. 以藏式传统建筑样式保留城市记忆（图 3-47~ 图 3-53）

图 3-47 藏式建筑门廊

图 3-49 门檐

图 3-48 木门立面

图 3-50 藏式木窗

图 3-51　木楼梯平台

图 3-52　施工中的藏式木窗

图 3-53　檐口雕刻

5. 以满足人们多样需求保持城市活力（图 3-54~图 3-60）

图 3-54　柱头

图 3-55　繁忙的城市交通

图 3-56　建设中的住宅

图 3-57　街边店铺

图 3-58　路边摊位

图 3-59　老街人气

图 3-60　玩耍的儿童

图 3-61　匆匆来往的年轻人

第四章 拉达克的佛教与佛教建筑

第一节　　拉达克佛教的产生与发展

拉达克是藏文化在喜马拉雅山区的自然环境中的最后领地之一，其宗教、建筑、风俗、艺术生动纯粹。多个世纪以来，文化交流在狭隘的山口间、高原的民族间源源不断地进行。纵使交通极不便利，拉达克仍被印度及中亚文化包裹渗透着，最有力的证明就是石柱和石碑以及浮雕上有关佛教的记载。例如在西部拉达克的卡拉泽（Khalartse）地区发现了有关 1 世纪时贵霜国王魏玛·伽德皮塞斯（Wima Kadphise）的石碑印记，类似的碑文石刻表明早期的僧侣很早便远渡至贵霜王国。

在阐述拉达克的佛教之前，笔者认为，盛行于佛教前的一个重要教派——苯教这一神秘宗教对拉达克地区产生了一定影响，苯教元素在拉达克建筑中同样得到了展现。据说苯教源于象雄，是一种原始久远的巫教，最初是在聂赤赞普（吐蕃王室第一代祖先）之时被从拉达克邻近地区带进西藏的。苯教的原始崇拜物涵盖了山川冰雹、雷电星宿、草木土石以及天地日月等物。火焰、日月、兽禽等图案作为母题经常出现在一些苯教建筑的装饰上，其世界观极为朴素。此外，早在佛教窣堵坡出现前，苯教就已存在一种神垒（被称为垒或者拉垒），平面形状为圆形或者方形，高度一般为宽度的 2 倍，正常情况下是用石材砌垒起来。

通过阅读大量的资料，我们发现拉达克早期与宗教相关的资料仅仅是带有盘羊 [1] 的图像——在拉达克盘羊是很常见的，此后，佛塔（Mchodrten）的纹样出现在类似的图像中。盘羊在人们对图腾非常膜拜的初期被看做神圣不可侵犯的动物，在拉达克的神话传说中盘羊是佛羽化而成的，是佛的化身。西藏初期的宗教以及 7—9 世纪间对王族崇拜的有关文献并未在此留下印迹。根据资料显示，尽管苯教产生在西藏的西部并且逐渐走向系统化 [2]，但是拉达克并未受到"组织化"（后期）苯教的影响。

拉达克与西藏的联系，主要体现在拥有相同的宗教。贵霜时期（25—250），印度佛教传到了克什米尔，根据史料记载，拉达克地区的佛教最先也是由克什米

---

1 俗称大角羊、盘角羊，国家二级保护动物。躯体肥壮，体长 150～180 厘米，肩高 50～70 厘米，体重 110 千克左右，体色一般为褐灰色或污灰色。

2 参考自富兰克《有关西藏西部卡拉泽的历史文献》（Historische Dokumente von Khalatse in West Tibet，载 ZDMG，1907：583-592），其中用较长的段落描写卡拉泽附近的苯教崇拜点。

尔传入的。准确的时间并不清晰，依据卡拉泽地区有关宗教的印度文字，推算出应该在贵霜王朝时期[1]。但是由于位于普里格（Purig）最西部的德拉斯（Drass）地区靠近克什米尔边境，所以相对于拉达克来说其受到克什米尔的影响时间更长。

较为显著的证明是观音（Avalokiteshvara）像和弥勒（Maitreya）像，这两尊在德拉斯旁的巨大雕像，其历史年代可追溯到 10 世纪左右[2]。向东是另一个受克什米尔风格影响的塑像和 8 世纪时期建造的屹立在穆贝（Mulbhe）半山腰的慈氏菩萨崖刻，以及雪依（Shey）旁边的窣堵坡。8 世纪中叶的拉达克，鉴于佛教刚开始进入卫藏地区不久，在藏区的军队穿越拉达克进入吉尔吉特（Gilgit）和巴尔蒂斯坦（Baltistan）时，尚不会出现宗教的影射。因此可推断，除去普里格、卡拉泽等地受到克什米尔影响外，拉达克还是与世隔绝之地。

佛教在 7 世纪（也就是松赞干布赞普时期）开始盛行并传播于吐蕃王朝，且得到了王室成员的推崇与支持，时至 9 世纪左右，佛教在吐蕃的传播遇到了严重的阻碍，其阻力主要来源于崇拜泛灵论的奴隶主。另外，以传统书籍中记载的有关藏族历史中的反面代表人物赞普朗达玛为中心的一群贵族保守派为了维护自身权力，担心丧失用于蛊惑他人的巫术，所以极为抵制并且惧怕外来宗教——佛教这一源于印度的神圣信仰。此后，在 842 年，赞普朗达玛被害，吐蕃王朝陷入一片混乱。在接下来的 10 年中，僧侣们隐修于山间，佛教并未消逝，而是仍被坚守着。据传此时，也就是 9 世纪中期，吐蕃王朝废除佛教时，吐蕃的僧侣们将经书用牲畜驮着逃跑到了羊同。

众人皆知，赞普朗达玛是佛教的反对者，但是他的后裔却是佛教的推崇者，并开创了后弘期这一佛教广泛传播、极度兴盛的时期。佛教自此重新跨过山口，传到了喜马拉雅山的另一侧卫藏区域，并且深深影响了拉达克，直至今天。

宗教通常与政治有极大关系，佛教作为统一吐蕃王朝后裔建立起来的全新朝代的政治力量，引领了这个部族的文化风俗，是开辟新兴土地的有利工具。佛教有效地控制了仍信仰泛神论的团体，使得封建王权日渐得到认可和彰显。宗教的统一化推动了制度和政体的前进。

直到 11 世纪初，拉达克与佛教才开始产生持久联系，进行长期的对话[3]。各种

1 相关题文见富兰克.有关西藏西部卡拉泽的历史文献 [M]，1907:592-593.

2 富兰克.印藏古物（第一卷）[M]，1914:105—106.

3 H N Kaul. Rediscovery of Ladakh [M].India:Indus Publishing Company ,1998:115.

迹象表明，佛教在藏文化逐渐成为主流文化之前就已经存在。10 世纪以后，普让（Purang）、古格和玛域［Maryul，即拉达克和桑迦（Zangs Dkar）］——阿里的三个藏王国鼎立，此后拉达克的历史才有书面文献记载。普让和玛域两个区域与现今印度喜马偕尔邦东北部的锡亚尔（Kinnaur）、拉合尔（Lahore）和斯必提（Spiti）的一些区域很是符合，古格王国则是被分隔于现今中国西藏和印度间的边界两侧。

10 世纪后期，众多僧人受古格国王的协助前往克什米尔学习经文，闻名于世的仁钦桑布大译师（Rinchen Zangpon，958—1055）就在其中，拉达克的佛教寺庙和西部西藏的寺庙皆与仁钦桑布有关。1042 年，阿底峡大师（982—1054，印度超戒寺的高僧）受古格国王邀请到各地寺庙传法，前后 13 年间为佛教的传承扩大贡献出了自己的力量。

"后弘期"（Phyi-dar）兴起的标志在佛教历史上表现为大肆创建寺庙，它开始于仁钦桑布大译师和阿底峡高僧两位典型的代表人物。佛教后弘期是佛教传播的一个顶峰，与前弘期相同，它仍然受到印度的影响，最初的中心地在古格。仁钦桑布的众学生之一玛域巴·贡确孜（Maryulpad Konmchogbrtsegs）就是拉达克人 [1]。

第二节　其他教派的引入

10 世纪以后，佛教从邻近的国家古格传播到拉达克，宁玛派（Nyigmapa）是最早出现在拉达克的教派。宁玛派，俗称红教，始建于 8 世纪，是莲花生大师传下的最为古老的佛教教派之一，主要吸取西藏苯教的部分元素并且传承了吐蕃王朝时的密教教义。迄今为止，在拉达克地区宁玛派寺庙数量极少，以塔克托克（Takthok）寺庙最为著名。

萨迦派（Saskyapa，俗称花教）于 11 世纪下半叶形成，为灰土之意，由于最初建造的寺庙所在的山上岩石风化继而形成灰色的土而得名萨迦。1073 年，贡却嘉波——吐蕃王国昆氏贵族家的后裔，在西藏日喀则萨迦地区建立了萨迦寺，开始了萨迦派的传承。又因其寺庙墙体外围涂有红、白、蓝三色条纹，故名花教。

1　青史（The Blue Annals/Ded-ther-sngon-po）（第 2 卷）［M］.罗里赫（G.N.Roerich），译.加尔各达：352.

拉达克的玛卓（Matho）寺系萨迦派寺庙，建造者是仲巴多杰桑布（Drung-pardo-rje-bzang-po），玛卓寺的另一属寺名曰格芒寺（Bskyid-mangs），为堪钦曲贝桑布（Mkhan-chen Chos-dpal-bzang-po）所建，其地址至今尚未查明，但是确有此寺存在。

噶举派（Kargyupa，俗称白教）形成于11世纪中期，特点是口口相传佛法教义，强调耳听至心领，侧重密法，同时它也是支系最多的佛教教派，止贡派（Digungpa）就是噶举派的分支之一。1215年，久丹贡布（Vjig-rten-mgon-po）——止贡派的创始人受到俄珠贡（Dngos-grub-mgon）国王的资助，开启了另一个时代。自此以后，止贡派开始影响拉达克王国，著名的喇嘛玉如（Lamayuru）寺——目前可考证的拉达克土地上最古老的寺庙，就隶属于止贡派寺庙，是拉达克的中心。据传，喇嘛玉如寺的选址和修建都是由是玛尔巴（Mar-pa）的著名老师纳罗帕（956—1040）完成的。为了修建寺庙，他排净了湖里的水。森格岗（Senggesgang）是喇嘛玉如寺中历史最为悠久的建筑，据说是由仁钦桑布译师或者是他的一名弟子所建。

止贡派的僧人喜于社交，国王俄珠贡因此命令拉达克的新进僧人到卫藏地区受戒学习，后来逐渐形成了探访的制度。短期看来，这种做法对拉达克地区的佛教发展很有帮助，但是长远来说，这代表着对卫藏地区的一种精神依赖，人们乐于去学习而摒弃了创新精神。拉达克本土的原创立说不复存在，而卫藏的高僧又常常自恃过高，多次与拉达克寺庙的管理者产生矛盾冲突。1959年后，前往卫藏的探访之路已经封闭，当地文化无从发扬，源头被截断，这直接导致拉达克僧人受教育的程度大幅度降低，本土的学习机构、研究处所无法满足上层僧侣的精神文化要求。这在当时来说，在一定程度上阻碍了拉达克止贡派建筑的发展。

15世纪，格鲁派（Gelugpa）传到了拉达克并被拉达克国王所接受，建于14世纪的格鲁派，又称黄教（僧人衣帽穿着黄色），为善规之意，要求僧侣严格遵守戒律。格鲁派是佛教教派中兴起最晚的教派，创始人是宗喀巴。在格鲁派寺庙中，斯皮托克寺是其在拉达克最为著名的寺庙，建于17世纪后；蒂克塞（Thikse）寺也是格鲁派的典型代表，建于相同的时期。随着格鲁派影响力的急速扩大，拉达克国王接受了使者的建议，为这个新的教派将贝土寺重新修建成格鲁派风格的寺庙。贝土寺原本由古格王国的沃德在11世纪所建，改建者扎本德将其彻底重新修建并改成黄教寺庙。拉旺洛追（Lha-dbang-blo-gros）的活动紧紧捆绑住了拉达克地区格鲁派的命运。关于贝土寺的修葺存在两种不同的说法，一种认为贝土寺的修葺完成于扎本德统治的时代，拉旺洛追对于此工程功不可没，这种见解得到了卫藏地区参考文献的肯定；另一种认为由于年代的因素及根据可靠文献记载，贝土寺是由一位南卡巴（Nam-mkhav-ba）住持在拉旺洛追时代所完成的 [1]。

利吉尔寺也是格鲁派时期的古老寺庙，建于 11 世纪，随后格鲁派重新将其修建。与贝土寺的争议相同，关于修建者也存在两种观点，其一是根据 18 世纪利吉碑文显示，寺院住持南卡巴——拉旺洛追继任者建造了利吉尔寺；其二是当地后期资料显示拉旺洛追是其当之无愧的修建者 [2]。所以关于贝土寺和利吉尔寺的修建者仍悬而未决，需要大量资料来再度考证。在同一时期，还有很多关于格鲁派活动的记录。当地史料记载，宗喀巴的弟子堆·喜饶桑波（Stod Shes-rab-bzang-po）在赤泽（Khrigrtse）北部建造了历史悠久的达摩拉康（Stag-mo Lhakhang）佛堂，而赤泽寺本身则由堆·喜饶桑波的侄子贝·喜饶扎巴（Dpal Shes-rab-grags-pa）建造，是黄教著名的尼姑寺和巴郭拉（Bakula）活佛驻地。15 世纪 40 年代，杜增·扎巴贝丹（Vdul-vdzin Grags-pa-dpal-ldan，1400—1475）作为一世达赖喇嘛的重要弟子之一，到位于克什米尔边境的玛域之地以及玛旁雍错湖展开旅行，在其寺庙古老的氛围中艰苦地修行。喜饶桑波就是他在当时遇见的，从此开始随其对密典进行学习研究，概括来说杜增·扎巴贝丹在阿里及拉达克居住了 7 年左右。总之，此时拉达克的佛教建筑的发展及精神生活方面等等都十分活跃。后来，随着君主制的衰落，格鲁教派的财富和信众日益增加。直至今日，在拉达克社会中，巴郭拉活佛仍占据重要地位。

格鲁派在拉达克的历程可概括为：15 世纪下半叶，止贡派衰败，格鲁派出现并取而代之，占据了在拉达克的主导地位，这种优势保持了一个多世纪，期间与卫藏地区的格鲁派寺庙联系，紧密维持了良好的关系。16 世纪末到 17 世纪初，曲杰·丹玛（Chos-rje Ldan-ma）凭借着自我努力和个人的号召力使止贡派出现了短暂的复兴，止贡派的中心岗俄（Sgang-sngon）寺就是由他修建并保存至今的。当时的拉达克国王扎西南吉（Bkra-shis-rnam-rgyal）在曲杰·丹玛的要求下，命令家里若有一个以上的男孩，必须有一人为僧 [3]。虽然现在看来这一要求极不合理，

1　索南扎巴（Bsod-nams-grags-pa）. 噶玛派与格鲁派史 [M]，1529:98.

2　桑杰嘉措. 黄琉璃 [M]，1698:224.

3　富兰克. 西部西藏史（History of Western Tibet）[M]，1907:85.

但是足可见那时止贡派的影响力。

17 世纪上半叶，穆增（Rmug-rdzing）将支竹巴派（Drugpa）——噶举派的分支之一传入拉达克，开创了竹巴派（Drugpa）的先河。随后，达仓热巴（Stag-tshang Ras-pa）稳定了竹巴派在拉达克的地位，赫密斯寺（Hemis）是竹巴派的主要寺庙，它与拉达克王室的关系比较亲密，寺庙相当富足，此时，竹巴派已成为当地地位最高的教派，但是并未能完全支配整个拉达克王国。

18 世纪最后的 25 年中，在第六世朵丹仁波切·丹增曲扎（Rtogs-ldan Rin-po-che Bstan-vdzin-chos-grags）的带领下，止贡派又重新占领了一席之地。他生于吾如朵（Dbu-ru Stod），曲吉尼玛（Vbri-gung Gdan-rabs Chos-kyi-nyi-ma）——第 28 代止贡法嗣为他剃度。结束了之前在藏地夏然寺的住持职务后，朵丹仁波切·丹增曲扎前往拉达克的岗俄寺担任该寺庙的住持，让曾经辉煌的古老的止贡派寺庙焕发活力、重获新生。朵丹仁波切·丹增曲扎是次旺南吉（Tshe-dbang-rnam-rgyal）和他的继任者次旦南吉（Tshe-brtan-rnam-rgyal）的上师，在拉达克，他的影响力十分巨大。后来，他重返卫藏，任央日噶寺（Yang-ri-sgar）的主持，打理止贡派寺庙。此后，继任者们驻锡在岗俄寺。今天在拉达克，第十世朵丹活佛是著名的阅历丰富、满腹经文的高僧之一，在当地颇具影响。而格鲁派活佛巴郭拉近年来也在拉达克政治社会中占有一席之地，实际上第一世活佛巴郭拉于 19 世纪晚期才第一次前往拉达克[1]。

综上所述，在拉达克的历史长流中，止贡派、格鲁派和竹巴派三个喇嘛教派分别扮演了各自在其特定时期的本职角色，按照时间先后顺序排列为：止贡派、格鲁派和竹巴派。除此之外，宁玛派和萨迦派两个早期教派在拉达克也有其对应的寺庙建筑。虽然在拉达克被道格拉（Dogra）人侵占前只存在这两个教派，但是对于拉达克的政治层面而言，宁玛派和萨迦派都未造成影响。

据我们对当地的调研，近些年来，卫藏地区又有大批人进入拉达克并在当地建造了小型的佛堂，分别隶属于宁玛派、萨迦派和噶玛派（噶举派的分支之一）。

下文总结出拉达克地区主要的寺庙名录，并归纳了拉达克的寺庙教派所属（表4-1）。

宁玛派（Nyigmapa）：塔克托克寺（Takthok）、查达寺（Brag-stag/Brag-

1　格尔甘.拉达克王统史——甘露藏 [M]，1976:439.

ltag）；

　　萨迦派（Saskyapa）：玛卓寺（Matho）；

　　止贡派（Digungpa）：喇嘛玉如寺（Lamayuru）、皮央寺（Phyang）、岗俄寺（Sgang-sngon）；

　　竹巴派（Drugpa）：赫密斯寺（Hemis）、雪依寺（Shey）、洁哲寺、瓦姆勒寺（Wam-le）、达纳寺（Stag-na）；

　　格鲁派（Gelugpa）：阿奇寺（Alchi）、利吉尔寺（Likir）、赤泽寺（Khrigrtse）、巴郭寺（Basgo）、日宗寺（Rizong）、蒂克塞寺（Thikse）、斯皮托克寺（Spituk）、桑喀尔寺（Gsang-mkhar）。

表 4-1　拉达克地区主要的寺庙

派别（建立年代）	第一座寺庙（发现时间）	此行调研相关佛教寺庙
宁玛派（8 世纪）	塔克托克寺	塔克托克寺、查达寺
萨迦派（11 世纪）	玛卓寺（15 世纪）	玛卓寺
噶举派（11 世纪）	—	
止贡派（11 世纪）	皮央寺	皮央寺、喇嘛玉如寺、岗俄寺
竹巴派（12 世纪）	瓦姆勒寺（17 世纪）	赫密斯寺、雪依寺、切木瑞寺（Chemrey）、达纳寺、巴尔丹寺（Bardan）、娑尼寺（Sani）、斯塔格里摩寺（Stagrimo）、藏斯库寺（Dzongskhul）
格鲁派（14 世纪）	斯皮托克寺（14 世纪）	阿奇寺、利吉尔寺、斯皮托克寺、巴郭寺、日宗寺、蒂克塞寺、卡夏寺、斯托克寺、色卡寺（Samkar）、达摩寺（Stagmo）、康杜姆寺（Rangdum）、宋德寺（Stongde）、法克托寺（Phugtal）

第三节　佛教发展中的典型人物

1. 仁钦桑布大译师

　　洛札瓦·仁钦桑布（958—1055）是一位闻名于卫藏地区的修建寺庙的大师和翻译巨匠，翻译了很多佛教经典，这个名字和佛教后弘期紧紧联系在一起，人们把他视做后弘期的倡导者。随着古格王国势力的扩大，仁钦桑布和他的徒弟们将后弘期的佛教寺庙发展延伸。

　　拉达克地区佛教的传入与仁钦桑布大译师有不可分割的关系，他对于佛教建筑的传播起到了积极的作用，对拉达克地区佛教寺庙建筑的影响极其深远悠长。

　　大约在 975 年，为了与释迦王国之间修好，搭建良好的宗教往来关系，21 位青年僧侣在益西沃的帮助下来到克什米尔以及印度东北部和西北部学习经法和有关佛教的内容教义。在这个大环境下，仁钦桑布大译师得到了大家的肯定，脱颖而出。仁钦桑布之于佛教建筑历史的发展起到了不可或缺的作用。

　　杜齐[1]——意大利著名藏学家对于仁钦桑布很感兴趣并且开始关注他，他认为仁钦桑布是雪域高原上将佛教重新唤醒的先行者，代表了那个时代的精髓。杜齐是近代佛教历史研究上第一位意识到仁钦桑布重要性的学者。大译师仁钦桑布一生有 17 年居住在印度，跟随高僧在印度北部各个佛教寺庙精读经文、熟参佛法。那烂陀寺（Nalanda）、超戒寺、乌丹塔普里寺（Odantapurì）及菩提伽耶遗址（Bodhgayā）皆在其游学的范围内。仁钦桑布率领 32 名克什米尔工匠、艺术家和多位班智达随身携带佛教教义和建筑艺术典藏登上了喜马拉雅山的山口进行研习。重回阿里后，他组织大家修建经堂，把原文是梵文的经书译注成藏文。在仁钦桑布的带领下，32 名工匠通习了喜马拉雅地区的建筑装饰艺术手法。他们将这些装饰样式同汉地、尼泊尔地区、东印度建筑装饰结合，融会贯通，形成当时盛行的建筑艺术风格。这种西部西藏的佛教艺术风格与后期藏传佛教在拉达克地区的传播关联颇深。仁钦桑布的事迹遍布拉达克、斯必提和古格等地的多处寺庙。时至今日，经典的梵文著作已不复存在。但得益于各个佛教寺庙内部保存的藏文字翻译的文集，我们尚可观其风貌。

　　《仁钦桑布传》（杜齐译）记载，75 名班智达被聚集在阿里，同时，仁钦桑布译师也召集了大量的弟子，集众所能，在西部西藏诸王的帮助下创作了一部典籍，内容相当丰富，包含了宗教、建筑、艺术、佛教哲学、密教、占卜、戒律等。仁钦桑布并没有拘泥于佛教典籍的字面译文，而是把其本质上的深刻含义通过自己多年的实践学习用心诠释出来。此外，在"印藏丛书"中，杜齐列举出能够确切鉴定名称及归属地的佛教寺庙名录。

　　相传仁钦桑布在古格地区修建了 108 座佛教寺庙建筑，为佛教建筑做出了巨大的贡献，被广为传颂为寺庙的建造者。但是，鉴于 108 在佛教约定俗成的数理观念中代表神圣之意，所以大译师所建的寺庙数量极有可能是被历史传说扩大化了。大译师佛堂寺院分布在拉达克、锡亚尔、拉合尔和斯必提等地。拉达克的卡恰尔寺（Ha Char）、古格的托林寺及尼雅尔玛寺（Myar Ma）被誉为仁钦桑布所

1　Giuseppe Tucci（1894—1984）：意大利东方文化学家，在藏文化和佛教文化方面有较深的造诣。

建造的三大主要寺庙。根据建筑样式、艺术风格、碑铭及传记等，我们推断仁钦桑布时代的佛教建筑都烙有印度克什米尔风格的印迹。

在拉达克，人们将部分圣地的成功完成也归功于仁钦桑布大译师，例如热克巴（Rag-pa）佛塔——巴郭附近、穆贝的小佛堂、芒居（Mang-rgyu）寺、临近萨波拉（Sa-spo-la）遭到破坏的两座佛塔以及巴郭旁遭到破坏的佛堂。文献上对于这些寺庙建筑未有记载，可是有明确的古书史料证明仁钦桑布译大师创建了聂尔玛寺（Nyar-ma，现被称为 Nyer-ma，距离赤泽寺不远处），目前已经被全部毁坏。或许当我们完全清楚仁钦桑布的生活履历后，会识别出他修建的另一些不为人知的佛教寺庙建筑。

2. 阿底峡大师

朗达玛灭佛后，阿底峡（Atisa）大师（982—1054）作为西藏佛教复兴的第一位重要人物（图4-1~图4-4），对于佛教的振兴起到了不可磨灭的作用。作为后弘期伊始入藏弘扬佛法的著名印度高僧和噶丹派（Kadampa）的鼻祖，阿底峡大师对西藏以及拉达克区域内的佛教在10世纪后的重新兴复产生了极大影响。

阿底峡是孟加拉国人，出身王族，29岁时出家，后来师事诸如那洛巴、香蒂巴等印度大师，随后，出任了印度大大小小18座寺庙的住持。其中影响最大的是在他59岁时出任印度超岩寺的上座，一时间声名鹊起。

阿底峡大师的学说以显宗为主，倡导戒律，阿底峡著作有《菩提道灯论》《现观分别论》《发菩提心论》《著提道灯论》《密宗道次第解说》《摄菩萨行炬论》和《中观教授论》等50多部佛学类别的专著，另与译师翻译了10多部经典藏文。其中《著提道灯论》总共70颂，分别阐述了其从学法到成佛的各个修习阶段。这本书在佛教后弘期尚处于混乱不一时，系统地提出了对佛教的看法，是噶丹派的形成初期的思想基础。

阿底峡驻藏十三年（1042—1054）弘扬佛法，先后到拉达克附近的阿里、后藏、拉萨、桑耶、聂唐等地传教、收徒。他的弟子以仲敦巴、仁钦桑布等最为著名。1054年，他圆寂于拉萨聂唐，寿72岁。阿底峡圆寂后，其弟子仲敦巴带领诸多弟子继续弘法修行，并于1056年在热振修建热振寺，以此为弘法根据地形成了噶丹派。1076年阿里的首领为纪念阿底峡尊者，在当地托林寺举办法会，被称做"火龙年法会"，这是后弘期的一件大事。

图 4-1 12 世纪绘制的阿底峡　图 4-2　阿底峡大师的开悟

图 4-3　唐卡——阿底峡大师　　　图 4-4　阿底峡大师像

3. 没卢氏家族

没卢氏（Vbro）家族在拉达克佛教建筑史上占据了一席之地，他们曾负责吉德尼玛衮移居到阿里。这个古老的家族对拉达克佛教建筑的发展起到了积极的影响。由于闻名于世的阿奇寺的壁画可以回溯至 11 世纪末或 12 世纪初期，所以没卢氏家族对于拉达克壁画造像装饰艺术的初期发展功不可没。

阿奇寺——位于拉达克阿奇村庄的一座享誉世界的古老寺庙，因为寺中的译师佛堂（Lotsawavi Lhakhang）有一幅画有仁钦桑布的画像，所以一度被误以为是仁钦桑布大译师所建。不过，另有大经堂（Vdus-khang）中的三个主要的题文为证，阿奇寺其实是阿吉巴·噶丹喜饶（A-lci-pa Bskal-ldan-shes-rab）——没卢氏家族的成员之一所修建的。他生活的时代在仁钦桑布的后期，在聂尔玛寺有过一段时间的学习。阿奇寺是拉达克寺庙建筑的经典，艺术风格、装饰色彩独树一帜，这也要归功于建造师阿吉巴的灵感和多年的努力。

松孜（Gsum-brtsegs）寺是没卢氏家族修建的另一座寺庙，从寺庙中的题文可窥其一二。寺庙由云达上师楚臣沃（Yon-bdag-slob-dpon Tshul-khrimsvod）——没卢氏家族又一成员修建。

第四节　各历史时期佛教建筑风格演变

1. 早期佛教建筑在拉达克的兴盛

（1）克什米尔风格对早期寺庙的影响

克什米尔佛教寺庙建筑对拉达克地区建筑和艺术的母题影响深远，譬如采用木梁架、夯土墙、泥屋顶、石基础等印度和喜马拉雅西部地方建筑修建特点、装饰题材样式。不同于14世纪佛教寺庙建筑的艺术风格，早期装饰艺术如壁画等不曾彰显出卫藏特点的中国汉文化元素。各种实例可以充分证明克什米尔是早期寺庙印度风格的发源地。在仁钦桑布的自传中对此略有记载：他们雇了75名克什米尔地区的专业手工艺者和画匠来修建古格的佛教寺庙。但令人沮丧的是，早期佛教寺庙中心后来被无情地摧毁了，很多建筑不复存在，多数克什米尔风的壁画也消声匿迹，毁坏之彻底致使能保存下来的有建筑艺术特色的早期佛教寺庙很少。在拉达克，根据史料记载，我们能够明确的与克什米尔寺庙关联最多的早期寺庙是阿奇寺。诸如克什米尔的马塘、帕里哈斯朴拉、阿旺帝斯明、潘德里等地与拉达克早期寺庙都有联系。三叶拱形的装饰被大量用于阿奇寺中（图4-5），让人联想到克什米尔的帕里哈斯朴拉和马塘的山墙纹样。比如在三叶拱图样搭建的造型里立有帕里哈斯朴拉的佛像一尊，与此同时，阿奇村寨中的松孜寺在入口处的门楣雕饰上也存在三叶拱的样式。此外，在阿奇寺经堂中心上方华盖柱子部

图 4-5 阿奇寺苏木泽殿木雕的克什米尔风格

分以及阿奇松孜寺入口处还发现了已经有改变的列柱式样，相同的样式大量出现在克什米尔的阿旺帝斯明寺和马塘寺内墙部分的凹室中（呈拱形），另有塔波寺（Tabo）的佛像边缘上方的华盖被此类形式的柱子支撑。建筑木质细部如柱头处装饰精细，这一点在拉达克所处的西喜马拉雅山区和克什米尔地带的寺庙建筑中得到统一。皆系方形的柱头，柱头上置有上大下小的楔形线脚，有两三个。再者，拜占庭式碗的装饰部分会嵌有荷花根茎缠绕在一起的图腾，这一艺术样式以一种连续的方式环绕在拉达克佛教寺庙殿内的佛像上，克什米尔地区建筑也有这样的题材出现，并且可以考证的是，拉达克地区寺庙的此种样式图案实际来源于克什米尔。虽然克什米尔地区不是这些装饰元素及建筑特征的发源地，但是拉利塔迪雅·慕塔彼达王在执政时期保护发扬了此类艺术风格，诸如罗马、拜占庭、埃及哥普特、叙利亚以及伟大的犍陀罗等题材相互融合，组织起来形成了克什米尔地区特有的中世纪折中主义的艺术格调。

（2）建筑背景及寺庙整体概况

拉达克地区的佛教寺庙建筑总体上可分为两个时期：早期大约从 10 世纪到 14 世纪；晚期从 14 世纪至今。

拉达克早期的绝大多数事件的确切时间无法得到证实，历史文献中对一些与佛教盛事联系密切的政治事件探讨不够深入，只是在表象上稍作了阐述。我们现在的诸多论断都只是根据史料进行的猜想，唯有待到考古学家在当地发现足够线索和有效资料才可以判断设想的准确性。现存的研究拉达克地区早期佛教寺庙比较准确权威的参考资料是杜齐和富兰克[1]的作品。这一早期历史名作《拉达克的文化和传统》对于拉达克的历史也做了详细阐述。

早期佛教建筑又分为两个阶段：第一阶段的佛教寺庙大多数建于佛教后弘期的初期。这次后弘期佛教文化事件的开创人包含各西部藏民族的君王统治者，诸如古格君王强秋沃、奥德、拉德、益西沃等。他们对于僧侣前往印度游学大为支持，并崇尚熟通经文宝典、学识广博的大师高僧。

后弘初期建筑风格艺术样式以及宗教形象带有强烈的印度色彩，由藏族发起的这次弘传偏爱印度建筑的类型。经历了多个世纪的打磨，佛教建筑、雕塑及壁画从印度传到阿里地区时已比较系统规整。寺院、窣堵坡、僧舍建筑历经 10—14

---

1 August Hermann Francke（1870—1930），德国藏学家，曾在柏林大学担任藏语教授。

世纪的洗礼依然保持完好，多样化的建筑风格融合了印度样式（主要表现在灰泥工程、木刻、雕塑、绘画）及藏族样式（建筑材料、建筑工艺和规模），把拉达克当地的传统建筑风格作为中介，将周边的建筑特色巧妙地融入本土建筑之中，自此一个崭新的艺术派别应运而生。在印度北部，很多建筑由于遭到以毁坏佛像圣僧为目的的穆斯林军队的入侵，已经不复存在，因此，幸免于难保存下来的遗址变得极为重要。这些稀有罕见的艺术历史材料证明，在仁钦桑布时期的拉达克山区，寺庙保持了一种分布广泛的态势。可以说，在早期拉达克藏族君主权势日渐扩大的情况下，王族宗室借鉴了一些印度的传统习俗、思想观念体系，从而首度提倡重新建立在君主制时期的建筑风格和艺术样式。

早期佛教建筑进入第二个阶段后，正处于佛教开始衰退的时期，印度佛教物品大多遭到毁禁，于是拉达克的佛教转向西藏东北部地区发展，宗教文化的对接从此建立起来，建筑形态、装饰风格得到了统一和延续。

在考察拉达克地区佛教建筑时，我们有必要将早期古格国王捐赠修建并且在后期维护起来的佛教寺庙同 14 世纪后晚期格鲁派修建的寺庙划分开。与早期拉达克佛教建筑直接受到印度风格影响不同的是，其晚期佛教建筑的风格来源于西藏，是标准化装饰建造的催生物。在拉达克大兴土木修建大规模佛寺时，其邻邦西藏已在忙于建造大量有复杂功能的寺庙建筑群。寺庙与城堡结合起来进行防御，寺庙群体普遍以易于防守且紧凑的城堡形制坐落于山巅（图 4-6），来与敌人开展武力对决。当然，这些大规模的佛教寺庙随着当地政治势力的扩张而数量日益增多起来，呈相辅相成的相对趋势。

拉达克早期佛教建筑别具一格，与晚期寺庙、山顶城堡大不相同。这种区别在早期的阿奇寺和晚期的寺庙中可清晰地辨别出来。早期的这些寺庙现在已遭到程度不同的毁坏，僧舍（即僧人的居住房间）完全消失不复存在，围墙作为寺庙边界尚

图 4-6　寺庙位于山巅

有保存。阿奇寺是拉达克早期佛寺中保存较为完好的重要寺庙，通过其建筑及装饰特点，我们可以窥视拉达克早期建筑的艺术风采。杜齐在《印藏丛书》这一经典著作中对该地区早期建筑有所描述。

从建筑学的角度审视拉达克的早期佛教寺庙建筑，实际上它源起印度建筑样式，是某种形式化的高度体现，意味深远。早期寺庙中壁画的内容具有统一主题，即神圣无所不能的毗卢遮那如来，墙面壁画对其生平展开绘制描述。而在晚期的格鲁派寺庙中，早期寺庙的特点——严格规范的形式化布局以及主题极度统一的壁画已不复存在。1337 年克什米尔被穆斯林侵占，之前在拉达克的阿奇寺（图 4-7）、斯必提的塔波寺等发现的壁画雕塑等也只剩下一些残存，大部分已被毁坏。古格王朝的工匠们精通克什米尔风格技

图 4-7　阿奇寺中的壁画

术的人很少，可谓凤毛麟角，后来散布在西藏各个地方继而踪迹难寻。印度佛教中心遭到破坏。相同的境遇也发生在克什米尔地区的佛教中心，因而与拉达克山区的建筑文化艺术交流中断了。拉达克的佛教寺庙建筑于是开辟了新的方向——在卫藏探寻佛教精髓。自此，拉达克被格鲁派势力占据，与西藏开始了日益密切广泛的建筑社会文化对接。

（3）寺庙选址特点

喜马拉雅著名学者考斯勒认为："拉达克早期佛教寺庙选址通常在较为平坦的地面，有高墙围绕。"周边环绕着围墙，建筑修建在平缓的地面上，是早期寺庙的选址特殊之处。可以说，平地寺庙是拉达克的佛教建筑主要类型之一，但是为数不多，多建于早期（年代约为 10—13 世纪），属于拉达克早期佛教建筑，闻名遐迩的阿奇寺就是该类的典型（图 4-8、图 4-9）。

早期拉达克寺庙建筑的平面形态布局受到中世纪克什米尔的影响。建筑群整体面朝东方太阳升起的方向，核心大殿被四边建筑群包围，入口位于东面墙的正中间，设计精致，凹室排在一起组成围墙。需要指出的是，阿奇寺的布局形态不尽相同，首先其布局自由随意，没有严格的形制；其次入口部位的佛塔与主要殿

图 4-8　坐落在山脚平地上的阿奇　图 4-9　坐落在山脚平地上的阿奇寺，Vairochana 庙宇
寺，过街塔

堂的关系未形成直角。但是，并没有确切的资料证实早期拉达克地区寺庙的平面
形态模仿了中世纪的克什米尔建筑，类比于我们也无法明确桑耶寺的建筑艺术风
格是否来源于印度的佛教寺庙。然而，倘若与那些晚期所修建的格鲁派山顶寺院
对比，情况就很明朗了，即早期拉达克地区的阿奇寺与印度喜马偕尔邦斯必提地
区（与拉达克相邻）的塔波寺有着与晚期寺庙相异的共同之处。这些寺庙的选址
特点都是周边环绕着高墙，内部有中心
殿堂，殿堂处于围墙的核心处，建筑修
建在平缓的地面上。围墙高绕的形制在
塔波寺依旧维持，但是在阿奇寺只留有
少许遗迹。高墙既保护了寺庙核心殿堂，
又将寺庙圣地与世俗环境分隔开来。在
所有的曼陀罗图案中，象征性的也就是
没有实际具体隔断物的边界阻隔经常被
使用。曼陀罗图案中心区域是莲瓣、宝
石环和火焰纹的纹样，它们从周圈背景
纹样中凸显出来（图 4-10）。所以，在
信奉佛教的观念中，高墙已不仅仅只是
受到外来建筑风格的影响，而是具有象
征意义。

图 4-10　阿奇寺壁画的曼陀罗

　　除阿奇寺外，另一典型早期寺庙实例就是阿旺帝斯明寺，庭院周圈围绕着僧房，其建筑群皆朝向东方建造，入口大门设置在东侧墙面的正中央。四周为僧房，围合起来形成庭院格局，中央殿堂的四角上建有小的殿堂，围墙承担着寺庙的保护职责，整体建筑平面的象征意义和曼陀罗图案相同。

　　有学者研究认为，拉达克的这种平面格局形式受中亚地区尤其是犍陀罗佛教寺庙的影响。从历史学与考古学的角度来说，拉达克所在的喜马拉雅西部早期佛教建筑占有重要地位的主要原因是该地区建有仅存的具有印度样式的建筑。此外，印度和西藏地区也存在这种实例。例如，上文提到的塔波寺有相似的平面布局形式，而位于西藏的古老寺庙——拉萨的大昭寺也是此类平地寺庙的典型例证。

　　（4）寺庙布局特点

　　典型印度式布局是拉达克早期佛教寺庙的特点。在水平的基址上矗立着寺庙、殿堂建筑群，周围被铁山围墙环绕，其作用并不是为了防御外来者的侵入，而是象征性地从凡俗的万物中把这块佛教净土圣地分隔出来。转经道是早期佛教建筑中比较有特色的区域之一，呈环墙小径的表现形式。事实上，转经这道程序已经成为佛教信徒们对心中神圣殿堂膜拜的重要心愿表达之一，香客们转经直到许愿要转的圈数完满为止。

　　拉达克早期佛教建筑受到印度风格影响之强烈深远的表现在于殿堂的方位。古老的殿堂一般面朝东方，清晨第一道光芒映射到正对入口的后墙面上，于是佛像上自然辉映出光和影的交相变换，使人感召出对神力无限的遐想；寺庙的东方正因为这个特别的方位来表示日神在空中的行驶之初，智慧的阳光点亮皈依者虔诚的心灵，从东方之门发起进入到曼陀罗立体的构想中。

　　（5）寺庙核心佛像

　　寺庙的核心佛像——毗卢遮那佛像无所不能。在如来五佛中，毗卢遮那佛像是最中间的白色佛像。拉达克的寺庙

图4-11　玛卓寺的毗卢遮那佛像

如阿奇寺中供奉的神像就是毗卢遮那佛，而西藏地区极少推崇对他的躬拜和敬仰。在印度佛教盛行的晚期，毗卢遮那佛像被幻化成拥有无限能量的神，这种风俗在当初盛行一时，追溯到 11 世纪，古格王朝的各个君主授予他至高的地位。譬如在阿奇寺中，毗卢遮那佛像的姿态大致上表现为头部正戴着呈五叶状的宝冠，左手的食指被右手托举着，双腿交叉盘坐在莲花宝座上，宝座下方是狮兽，但是其颜色式样各不相同（图 4-11）。然而各处的毗卢遮那佛不尽相同，例如在拉伦寺和塔普寺，他是由面向四个方位的四个泥雕塑构成，是一种背对背的造型。

2. 晚期佛教建筑的发展

（1）建筑背景及寺庙整体概况

14 世纪后，伊斯兰教已经成为克什米尔信奉的主要教派，与古格的宗教文化联系就此隔断，古格不得不将对佛教的探索方向投往卫藏，拉达克也相应地受到卫藏佛教寺庙建筑艺术风格的影响。

寺庙建筑与政治有着千丝万缕的联系。它的显著特征之一就是承担起作为君主实行统治的相关机构的政治职责。无论早期还是晚期寺庙，其前期修建和后期发展都与君主的领土扩张和政治扩张息息相关。早期拉达克佛教寺庙的建造在一定程度上可以说是随同古格王朝的帝王在该地域的政治力量扩张而发展起来的。寺庙周围通常修建防御性能的碉堡，譬如说，在尼阿玛寺（现在已经废弃）上方亦有堡垒修建在山上，此寺庙与大译师仁钦桑布相关，由耶歇斡资助建造。类似的堡垒也出现在阿奇寺附近的高处，山脚下是奔腾的印度河。另外喇嘛玉如寺也是这种建造形式（图 4-12）。古格王朝早期帝王和卫藏地区以佛教为信仰的君主相同，一面依靠武力武装自己，另一面，依靠印度及中国境内传播过来的宗教文化，吸收先进的思想和韬略，进而打败残存的少量部落崇拜，在军

图 4-12　喇嘛玉如寺

事和宗教上同步发展。

拉达克与西藏地区相同，君主都是依赖设立在堡垒和寺庙中的军事机构来对领土进行扩张。早期，碉堡和佛教寺庙区别开来，发展到晚期，两者逐渐结合成为一体。佛教寺庙里的管理职能还包括对附属土地展开行政领导，每一佃户都被政府租予土地，一半或者三分之二的粮食产量呈缴到寺庙。每座寺庙都拥有各自的土地及村寨。寺庙可行使的权利范围很广，除了税收租赁的业务外，贸易、典当抵押、借贷、租房等生意也在其收缴管辖范围内。晚期佛教寺庙建筑的职能还主要表现在文化教育方面。从文化上讲，寺庙渐渐演变成精神文化的中心，佛教成为地方信奉的教派，习俗遵循佛教轨道。从教育上讲，寺庙教学内容包含建筑艺术、宗教哲理、文学医药等，一系列教材正规且实用。地方的信仰被摒弃，取而代之的是关于佛教的知识，教徒储备了全新的佛教内容，以文字的形式记录下来。而佛教之所以能够大面积地迅速拓展传诵开来，主要原因还是由于从最初部落信仰的口口传播的形式改变成为文字的形式进行书面传播。

噶班德王统治时期，一群格鲁教派使者由创始人宗喀巴派出对其展开帮助，在拉达克的山顶上修建多座寺庙。格鲁派使者在蒙古人的资助下兴建寺庙的举动，表现出黄教这一教派在卫藏地区的势力范围已经得到了迅速扩张。格鲁派新的基地改为贝土寺，贝土寺是其修建的第一座寺院，堪称后期寺庙建筑的典范。有了君王的协助，黄教很快统治了整个拉达克。其教派的扩张手段很独特，主要是依靠吞并早期噶丹派的寺庙来展开大面积扩张的，格鲁派以很快的速度把阿奇等寺庙并入自己的权力管辖地盘之内。在贝土寺修建造之后的 200 多年里，佛教寺庙建筑接连变迁，造型布局建筑细部等也发生了改变，迄今为止，格鲁派寺庙已经遍布于日宗、利吉、帝孜、叶、让顿等地。这一时期的寺庙，诸如贝土（Dpe Thub）寺、喇嘛玉如寺、赤泽寺、期旺（Phyi Dbang）寺、赫密斯寺、玛卓寺等，把要塞的功能和寺庙城堡的功用集中在一起。

总体看来，14 世纪以后，拉达克所建造的寺庙多模仿贝土寺的形制建立。寺庙的布局规模有直线、平面以及建立在山巅的一排垂直的寺庙建筑群。不同的规模和地理位置使拉达克地区的寺庙给人以异样的视觉冲击和感观享受。那些山顶寺庙的建筑组群普遍包括固定、共同的建筑元素，诸如建筑上层布置的木质栏杆，黑色不等边边框内嵌入的较小窗扇，涂有白色涂料的倾斜墙面（图 4–13），层层叠起的建筑形式，布置在屋顶处的发幢和经幡，修建在顶层的佛堂等，这些建筑

图4-13　窗扇墙面外观，右图为日宗寺

元素综合在一起共同组建成拉达克所在的西喜马拉雅地区晚期佛教寺庙建筑自身的样式特征语言。

上文提到过杜齐和富兰克的作品，对于拉达克的早期历史名作《拉达克的文化和传统》做了详解，但是书中对于14世纪后拉达克地区的历史发展趋势鲜有描述。和早期建筑不同的是，晚期寺庙建筑布局没有统一的主题，杂乱无序，建筑群分散排布。截止到现在，那些寺庙依然在不断的拆毁重建中循环往复，其真实确切的建造年代无法鉴定。

（2）寺庙选址特点

在格鲁派的影响下，一些寺庙以一列仿若里程碑一样的佛塔为标识（图4-14），穿过村寨里平缓的道路可抵达修建在平原上的寺庙。寺庙内建筑布局形态没有等级制度的痕迹出现，最初各殿堂建在一条中轴线上，呈一字排开，由于后期历年加建了内庭院、围墙、佛塔等，所以这种形制略有打乱，被一些附属建筑物遮掩隔断。以亚尔克寺庙为例，只有在很小的区域内，建筑细部、艺术装饰的细节、各个殿堂的不同高度等影响寺庙建筑风格特色的因素才在设计当中表现出各自的功用。

有些寺庙建筑是环绕内部空地而建造，譬如在群山当中若隐若现的赫密斯寺，只有当沿途布有佛塔的道路靠近时，这类地处于山区的寺庙才会

图4-14　通往阿奇寺公路边的塔群

显露出来。

　　然而拉达克晚期大部分寺庙则是建立在开阔地域的制高点上，俯瞰周边的山脉草地、道路建筑。譬如贝土寺、赤泽寺、玛卓寺及期旺寺等。这种类型寺庙的特点是修建在山尖上，环顾四周，在方圆数公里内鹤立鸡群，作为标志性的路标脱颖而出。寺庙在建筑细部构造和建筑界面上已经很好地融合在一起，建筑布局毫不唐突，给人一种巨大独立的感觉，像是耸立的碉堡，但是也会由于功能不同而影响布局。

　　总之，晚期寺庙选址的一大特征就是多数寺庙选址由最初的山谷平地改建到山顶处（图4-15）。佛教体系相比于部落图腾宗教更加系统化，随着初期军队战事大获全胜，佛教机构在各地修建起来，晚期时其机构体系得以充分巩固。喜马拉雅学者考斯勒认为：各地村庄大批量地进贡珍奇异宝，使得寺庙财产日渐富足，财富猛增，

图4-15　山顶寺庙

余下的多数物品转化成艺术品和金银等。长此以往，强盗们开始把袭击的目标重点放在财富聚积的寺庙上[1]。譬如，在17世纪，西藏军队攻打巴郭寺，围攻三天时间，因寺庙堡垒可靠坚固、粮食储备丰厚而幸免于难。建造者后来发现碉堡如若从山顶搬往平地，其军事功用就会被大幅度削减，解决方法就是把寺庙从山谷平地移至山顶与碉堡合为一体。诸如巴顿、帝孜、利吉、巴郭、比阳、西土、让顿、卡夏、喇嘛玉如、当卡、丹珠等地的寺院都采用这种形制，晚期寺庙实例多数具备这种形式特征。这些寺庙皆以13世纪之前规模较大的印度寺庙作为蓝本，模仿卫藏区域中的扎什伦布寺、甘丹寺、哲蚌寺、色拉寺等寺院风格形式修建而成的。

　　（3）寺庙形制布局

　　晚期的大部分寺庙建为多层的原因是使巨大的僧侣团体的社会生活需求得以满足。寺院拥有大量的农田，并租给农民耕种。受寺院雇佣耕种田地的农民多居

1　[法] 儒约·考斯特. 西藏艺术考古 [M]. 冯子松，译. 北京：中国藏学出版社，2001.

住在山下分散开来的建筑群中。拉达克的佛教建筑拥有很多的土地以及和寺庙相关的附属产业，沿袭了早期西藏所有制的形式。僧人长年增多是社会上每家每户仅留下一个儿子来传承家族产业的风俗而导致的。家家户户分别在寺院建筑群中拥有一间属于个人私有的房屋，供在寺院里当佛教学徒的亲人使用。房屋属于私人所有，自己修建。不管在社会关系还是经济生活上，寺庙与每一个家庭都紧密相连，家中的亲戚诸如兄弟、侄子等都居住在一起。

寺庙气势磅礴的雄壮外形由一座座形式、功能不尽相同的佛堂大殿组成。早期寺庙如阿奇寺由简单的围墙围合而成，建筑中心修建有小的庙宇，而晚期的寺庙完全不是这种形制。尽管经堂依旧在寺庙建筑中处于主体地位，是核心建筑，但是早期的曼陀罗形制和依照法典制备的佛像风格已荡然无存，取而代之的是随意把佛像神龛布置在神坛上或者墙壁上。早期阿奇寺庙中的佛像形态布局形式的完成依靠统一的思维模式，然而晚期寺庙中，这种统一感消失，佛像的表现手法亦完全不同于初期寺庙三维立体的外观形式。中国式的建筑艺术表现样式进而取代了印度风格的大一统模式。表现在壁画上就是人物模型衍变成带有蒙古种族的特征，风景如花草风云等图腾也在壁画当中有所展现。

此外，另一明显特征是：作为环绕寺庙的约定俗成的线路——外转经道因为围墙下的地面坡度异常陡峭而消失不见。在寺庙内部的空间范围中，转经仪式可以沿着佛塔和佛殿进行，除此以外，转经仪式也可以围绕相邻寺庙区域的小路开展。

总体而言，这一时期的寺庙都会采取聚合结构（图4-16），建筑墙壁带有倾角，没有建筑对称原则的干扰，没有建筑平面和建筑体积的象征使用的原则要求，一个个白色的建筑物随意地组合。建筑形态依山造势，跟随着山脉的线条轮廓起伏伸展，仿佛就是山脉的自然顺延。总结概括为：这一时期的佛教寺庙建筑并不是刻板规则、中规中矩地以线条来营造和刻画，建筑主题的营造更加贴近于自然，延续了一种真实本土的格调[1]。

（4）寺庙功能

山顶寺庙多以堡寨式寺庙修建在贸易路线上，是权力和信仰的中心。寺庙的主要建筑通常有好几层，矗立在山巅，面朝山下。建筑群的修建按主次分依次从

---

1 G Tucci.Tibet Paese drlle Nivi [M].Novara, 1968:112.

图 4-16　聚合结构寺庙

山顶开始渐渐沿着山坡向下。

　　晚期山顶寺庙的建立除了考虑到宗教意义外，防御性也是考虑的重点。不管是寺庙还是宫殿，拉达克佛教建筑形式大致上与山顶堡寨相似。部分喜马拉雅学者认为：军事堡垒与寺庙结合在一起保障了寺庙的安全。本书前文提到，采取这种做法主要是因为随着周围村庄对寺庙供奉大量财产使得其财富过快积累，金、银及珍贵的艺术品大量囤积，吸引了大批强盗和反对佛教势力人群前去掠夺；此外，通常藏传佛教的僧人们会涉足商业领域，他们在交通要塞处开展贸易活动以谋得暴利，所以将两者合二为一很有必要。

　　山顶寺庙的另一功能是防御宗教与种族冲突，换句话说，种族冲突与宗教冲突关系着山顶寺庙的格局形成。拉达克含有多个宗教、多个种族，伊斯兰教派在后期渐渐占领了印度的土壤并且深深地影响了拉达克，当然，藏传佛教也在此处广泛传播。因此，山顶寺庙的修建起到了良好的防范作用。

　　据山顶宗堡类寺庙建筑的出现时期判断，拉达克地区这些堡寨寺庙建造年代大抵为 14 世纪以后。人们在交通军事要地建宗（县），"宗"是行政中心，林卡和碉堡等元素组成宗堡，监狱、仓储、佛事等功能聚集起来构成办公机构，山顶寺庙同宗堡融合为一，既不妨碍寺庙的日常生活方式，又具有了防御功能。目前，城堡寺院（Fort Monastery）这个名词仍然被外国的研究者用于锡金和不丹等地的山顶寺庙。

　　从建筑技术上来看，拉达克地区的这类藏式建筑在当前"生态学建筑"的倡导中美誉连连。建筑正面颇有韵味，典雅古老的藏式建筑外观在此处得到充分体现。楼层低段部分出口小，沿着台阶往上，高处展开成凉廊、阳台等空间形式。建筑造型多为梯形，楼层底部外墙面比较厚实，通风采光要求不高的储藏室通常占用内部空间。一般来说，冬季寒冷天气里中等大小的窗扇足以满足采光通风的需求，而夏季的艳阳烈日则以开敞宽阔的游廊来衔接。建筑的轮廓很明显，主要是靠由绛红色和黑色在窗缘上粉饰以不等边四边形架构（图 4-17），进而使建筑造型在总体上得以统一。窗台有很大的进深，狭窄通长的窗子上偶尔装饰以略微垂下的较短的外窗帏，木刻以及彩绘的凉廊采用克什米尔风格样式。纵观佛教寺庙建筑，凉廊多布置在窗子的侧面，也被广泛用于主要殿堂的正面（图 4-18），例如赤泽寺、期旺寺、赫密斯寺、贝土寺等。凉廊的材料为木质格栅，格栅内部嵌有镂空的玻璃质板或者中空，和楼座起到一样的作用，在感受室外空间环境的同时也留有私隐空间，这在当时的建筑布局上来讲非常周全合理。

　　在干燥的气候里，阳台及屋顶平台就凸显出了自身的实用价值，佛教寺庙这

图 4-17　赫密斯寺大殿正面　图 4-18　赫密斯寺的凉廊

种本土建筑被赋予一个开敞的露天的空间，使得谷物果实能够及时风干，人们也可以在这里体会夏季夜晚的清爽、冬季午后的暖阳。各家各户会把自家的佛龛供奉在此，逐渐形成了一种诸神交流的空间区所。女儿墙上装饰有黑红色横条纹样，华盖、金顶、镀金法轮、飘浮的经幡等各种佛教象征吉祥的物品摆放在露天平台上，和拉达克山区的蓝天交相呼应。

总之，建筑坚持使用泥土、木料、石头、黏土等未经加工的纯天然的建筑材料，大致上已经可以满足佛教寺庙建筑建造的需要。坚固耐用的建筑构件完全可以应付各种恶劣的天气气候；建筑的墙壁填充较结实，用土坯材质密砌，厚度和高度都有很大尺寸；各个零碎的木构件相互搭接；窗扇很小，即便破损也不会影响到墙壁的坚固程度；住宅房屋的天花板很低，利于保温隔热功效；建筑涂料颜色自然朴素，以暖色调为主，如栗色、褐色、米黄、白、黑、绛红色等，外加梯形形状的外轮廓，与周边环境非常和谐。从美学角度以及建筑技术角度上看，这种藏式生态学寺庙建筑与环境融为一体，相得益彰，是建筑与环境完美结合的典范。

小结

拉达克佛教建筑的发展与其宗教教派的发展息息相关。贵霜时期（25—250），印度佛教传到了克什米尔，之后由克什米尔传入拉达克。9 世纪左右，佛教在吐蕃的传播受到了严重的阻碍，其阻力主要来源于崇拜泛灵论的奴隶主。赞普朗达玛是佛教的反对者，但是他的后裔却是佛教的推崇者，并开创了后弘期（Phyi-dar）这一佛教广泛传播的时期，深深影响了拉达克，直至今天。后弘期兴起的标志在佛教历史上表现为大肆创建寺庙，两位典型的代表人物分别是仁钦桑布大师和阿底峡高僧。

拉达克地区的佛教寺庙建筑总体上可分为两个时期：早期大约是从 10 世纪到 14 世纪；晚期是从 14 世纪至今。

拉达克的早期佛教寺庙建筑实际上源起于印度建筑样式，是某种形式化的高度体现，意味深远。早期寺庙中壁画的内容具有统一主题，即神圣无所不能的毗卢遮那佛。建筑修建在平缓的地面上，周边环绕着围墙。典型印度式布局是早期佛教寺庙的特点。

晚期佛教建筑中多数寺庙选址由最初的山谷平地改建到山顶处。佛教体系相比于部落图腾宗教更加系统化。寺庙多建为多层，用来使巨大的僧侣团体的社会生活需求得以满足。这一时期的寺庙都会采取聚合结构，建筑形态依山造势，由一座座形式功能不尽相同的佛堂大殿组成。建筑主题的营造更加贴近于自然，延续了一种真实本土的格调，并不是刻板规则、中规中矩地以线条来营造和刻画。

随着佛教建筑的逐步完善，拉达克晚期寺庙也日渐发展为一个包括佛塔、集会大殿、殿堂、住宅区、藏经室、餐厅、厨房、作坊的庞大建筑组群综合体，类似一个完整的宗教社会。

第五章 拉达克的寺庙建筑

第一节　拉达克所属西喜马拉雅地区的寺庙类型划分

当我们在研究寺庙时，着重探讨的主题就是晚期寺庙与早期建立在平地上的寺庙的不同之处。从寺庙建筑的本质上来说，这些佛教寺庙皆有一个核心，并且环绕着某一主体中心而修建，但是，两个时期的寺庙主体（图5-1）与其拥有其他各种功能的附属建筑间的关系发生了本质上的变化。因此，为了对这种改变进行了解和探究，对拉达克所处的西喜马拉雅山区的寺庙展开适当的划分很有必要并且极具分析价值，在此划分中我们着重针对拉达克寺庙所属类型进行描述。

最早的一种类型可以说比较特殊，西喜马拉雅山区现在已经不存在这种形制，但是由于其罕见且有自身特点，所以还是将此种寺庙分门别类地列出来。此种寺庙布局是对称的、被围墙包围的复合体，这个特征与曼陀罗图案非常相像，曼陀罗图案的构成讲究四方对称，边界线明显不模糊。其典型实例是西藏的桑耶寺（图5-2），根据资料并经过多方面考证，桑耶寺是仅存的此类型寺庙。

第二种类型的寺庙与仁钦桑布大译师渊源深厚。这种类型在拉达克有寺庙实例——阿奇寺。该类型寺庙的朝向固定且仅存有一个。寺庙的入口、围墙、神坛

图5-1　拉达克沿印度河谷主要寺庙位置图

图 5-2　鸟瞰西藏桑耶寺

和开敞的大门皆在寺庙这一朝向上，属于同一轴线。虽然建筑未能朝向四方，但是寺庙整体的布局仍然具有明显的曼陀罗特点，从设计上看构图完整。在这种寺庙类型中，僧舍和寺庙其他所有公共设施尚不构成寺庙的所属元素，因为它们基本修建在寺庙围墙外围的部分，而围墙是一个具体的媒介，用来区分纯粹的寺庙所属区域以及其他的附属区域。

　　到了晚期，寺庙的整个建筑体系是由僧舍、附属建筑设施以及佛寺混合在一起共同组建起来的。第三种类型在西喜马拉雅地区也不存在，它是以对称的方式，在建筑群围绕的寺庙内庭院中心位置修建佛寺。第四种类型在拉达克则比较常见。该类型寺庙的组织机构是由一组散布在山坡处以及山顶处的建筑构成整体序列，建筑布局极不规则，更无对称可言，僧舍庙宇和其余附属建筑交汇成组团。另外，寺庙的建筑特点和选址场地基本决定于地形地貌而非其个别的象征意义。这一类型的寺庙复合建筑体系所占空间较大，尺度较宽，成片出现在山上，可以起到良好的防御作用（图 5-3）。

图 5-3　切木瑞寺布局形式

第二节　拉达克寺庙建筑的平面布置

1. 寺庙建筑的平面特点

　　随着寺庙建筑的逐步完善，拉达克的寺庙建筑也日渐发展为一个包括佛塔、集会大殿、住宅区、藏经室、餐厅、厨房、作坊等的多功能综合体，与卫藏地区的寺院理念相似，如出一辙。一般来说，在早期的各个佛教的中心，仅佛堂、藏经室、殿堂在铁山内部，而在设计图纸中供居住的房屋不受关注，地位微乎其微。晚期建筑的主殿则通常处于寺庙的制高点上，堪称寺庙的精神和物质生活的核心。附属的基础设施和住宅区域顺势而下，依山排布，散置在周边。换句话说，建筑物依照等级的高低按次序排列，例如赤泽寺：一段长长的台阶占了很大的空间，连接着庭院和殿堂的门厅。一端是善男信女所摒弃不屑的凡俗世界，另一端是佛堂神圣的净土，远离凡尘与世隔绝，两者间的高度差由阶梯这种空间媒介自由过渡。殿堂前的门廊是联系庭院与圣殿的空间，从而圣殿的入口处得以强调。在门廊内，走道的两侧墙面上通常绘制一些有劝说警戒性的壁画和护世四天王

（Lokap-ala）的图案，例如生死轮回（Bhava-cakra）图案。殿内门廊以及环绕寺院的拱廊内都是木雕柱头，有时也会出现涡卷式的图式并且彩绘着色，拉达克早期的佛教寺庙建筑即有诸如此类的被简化过的爱奥尼式柱头（图5-4）。

　　寺庙建筑内部路线相对隐秘，对各个空间布局起到联系作用，比如侧向开敞的走廊、狭窄的巷子、各个露天的通道或者盖顶、平台、内部庭院以及高低错落空间的台阶（图5-5）。

图5-4　阿奇寺柱头的爱奥尼涡卷

图5-5　塔克托克寺的楼梯

拉达克几乎所有的村庄都有自己的寺院或者与寺院有联系。依照传统，寺院应该建在远离喧嚣的安静之所，同时也要让村民们听见寺院的钟鼓声。尽管寺院的建筑风格各不相同，禅房的陈设也各有特色，但是所有寺院都有一个最基本的特点——寺院中的每一座宝殿都供奉着不同的佛像，不同的佛像也代表了不同的含义。

2. 寺庙建筑的平面组成

（1）神殿经堂

神殿经堂被称为无所不能的神灵的居所，是用来存放主要神像的佛堂，供人供奉，在复合寺庙体系中处于核心地位，堪称最神秘圣洁的地方（图5-6）。殿堂形状呈正方形或长方形，如果空间是长方形，那么佛像被摆放在短边上，长边一侧开设入口（图5-7），这种形式由印度古老的寺庙原型延续下来，在阿奇寺可观其细部构成。而正方形殿堂在外观形式上则有很大不同，虽然在拉达克实例很少，但是在其所属的西喜马拉雅地区悬殊很大。木架梁的跨度区间为1.8~5.5米。比如在修建拉伦寺时，其殿堂可以修建的跨度尺寸可达5.5米之多，主要原因是寺庙所属的昆那瓦地区的森林足以供给材质坚硬的木料。

但是鉴于木料的资源日渐短缺，跨度也日渐缩短。规模较小的正方形大殿通常仅有四根立柱，围合成的方形空间较为狭小；相反，若呈长方形平面形式，则需要六根柱子或者更多，立柱分列成两排，围合成的空间比较宽敞大气。佛殿的曼陀罗样式是出于象征意义的考虑，可对于佛堂来说，由于僧侣们在此进行集会、诵经、念佛，不适宜采纳四面对称的布局。为了使得大厅整体看上去显得比较敞亮，

图5-6 塔克托克寺的神殿

图5-7 切木瑞寺的神殿

图 5-8 塔克托克寺门框上的守护神绘画 1　　图 5-9 塔克托克寺门框上的保护神绘画 2

一般来说，佛堂的平面布置会将神像设立在墙面起始端部，二、三排以及再往后排的僧侣相对立坐，辅道则作为中间轴线，在佛像右手边凸起的台面上设有仪式主持的座位。

（2）贡康

贡康殿用来放置守护神尤其是恶神，房间的这一特殊用途彰显的方式是在门上绘奇特的图案。进门前必须敲门以提醒各个神灵有外来物进入。屋内的守护神像各式各样、千姿百态，据说基本上是依照资助修建寺庙者的私人信奉爱好来设计的（图 5-8、图 5-9）。殿堂内部有武器搁置，另有羌姆面具及其余一些在各种仪式上使用的道具装备，氛围略显晦暗恐怖。

（3）厨房

顾名思义，厨房是用来煮饭的，佛教寺庙中的厨房也不例外。平日里，经堂中若举办有仪式，厨房里便燃起熊熊炉火，熬制红茶、姜茶或者奶茶，煮水做饭，给僧侣们供应持续不断的食物。此外，有窗子小、墙面很厚的小房间设置在厨房一侧，可以储备牛奶、面粉等物品。

（4）庭院

庭院在寺庙建筑中起到了关键性作用。庭院三面被围绕起来，屋面有露台，一或两层。这个露天的空间，建在寺庙内部的宽敞庭院，被建筑群环绕，处于中心位置。这里是寺院举行活动的地方，尤其是面具舞等仪式举办的场所（图 5-10）。庭院是建立在陡峭崎岖山谷中的寺庙建筑仅有的规整平坦并且露天开阔的地带，是节日期间僧人们的聚会地。

集会大殿、藏经室以及佛堂等建筑都面朝庭院而修建，学习、娱乐、辩经等

图 5-10 赫密斯寺庭院

僧侣们在寺庙中的所有社会生活也都在此进行，节庆活动等也会在这个庭院中开展，譬如在庭院中举办一年中重大的佛教活动节日庆典等。每逢宗教节日，很多居民不辞辛劳从周边村落赶到当地的寺庙，人们纷纷被寺庙中的宗教神舞、宗教音乐、戏剧表演所吸引，拥挤在拱廊当中。等级较高的喇嘛们则坐在周边长廊下的宝座上欣赏观摩。可以说，宗教节日在拉达克地区人们的生活中具有强烈的凝聚力。

庭院通常在杜康（Dukhang）或者拉康（Lhakhang）的前面。内庭院是晚期佛教寺庙建筑发展而成的产物，早期佛教寺庙不存在内庭院这一空间特征。它在寺庙建筑布局和生活中的地位举足轻重。

（5）僧舍

这些小的宅子里住着部分僧侣，是僧人居住的场所（图 5-11）。房间和主要寺院联系不大，通常是孤立的，分散在海拔较低的地方。寺庙聚拢的财富数量决定着僧舍的规模以及其内部的设施完善程度。房间内一般布有用来休息的平台、火炉、搁置燃料的处所以及承装物品的架子。

图 5-11　僧舍分布

（6）转经廊

重要寺庙的主殿内通常有转经道围绕，经廊普遍以盖顶的样式围绕于殿堂中。转经筒设立在转经廊的内壁处，位置与肩部同高，这样的高度方便香客教徒一边拨转经筒一边行走。在踏入主要殿堂前，转经次数可以是一圈，也可以是三圈或者是一百零八圈。倘若没有转经的长廊，那么转经道则被主殿周围的泥土小径所取代，道路围绕主殿铺设。

（7）门厅

门厅是进入经堂的必经之所，是纷繁杂乱的世俗世界与圣洁自然的寺庙内部神秘分界的象征，起到过渡作用（图 5-12）。其在早期的佛教寺庙也有体现，从曼陀罗图案的特征中可窥其一二。东西南北四大守护神像绘制在门厅两侧的墙面上，意义是守护四个方位的神圣界面（图 5-13）。有些规模较大的印度佛教寺庙中，等级高的喇嘛专门扮演守护神的角色，其职能是对于信徒的种种忤逆行径进行判别视察。除了四大神灵的图案以外，八宝吉祥图案也是被普遍绘制的画幅，譬如生死轮回图，作用是警示告诫信徒们要心存生命不息、轮回不止的坚定信念。

图 5-12　切木瑞寺的门厅

图 5-13　切木瑞寺门厅的壁画，生死轮回图和守护神画像

（8）吉春

吉春内部明净敞亮，有神坛、床几、独立厕所设立。通常，它位于寺庙主殿的上层，或者位于僧舍的上层围绕寺庙内庭院，抑或是能俯瞰内庭院的位置。吉春是转世活佛的居住场所。

第三节　重要实例：阿奇寺

1. 阿奇寺概况

阿奇村是只有 40 多户人家的小村庄（图 5-14、图 5-15），但是因为建有古老而著名的阿奇寺而被誉为喜马拉雅山脉中最重要的文化遗址之一，具有特殊意义。阿奇寺内部存放着鲜为人知的克什米尔风格的木工艺品、精美完整的壁画、精美的唐卡图片、佛教遗迹等，并且得到了良好的保存。其艺术风格是受到克什

图 5-14　阿奇村落及周边自然环境

图 5-15　阿奇村村民的午后生活

米尔风格强烈影响下的西藏建筑传统文化的一部分，一定程度上代表了早期的佛教艺术，丰富的内容、高深的造诣令人拍案叫绝，成为我们研究拉达克地域历史文化的宝贵资源。阿奇寺内的建筑单体分别建造于不同的年代，从 11 世纪末至 13 世纪末不等，相应的建筑内的壁画也年代不一。阿奇寺在建筑风格上备受关注，已经被列入印度考古研究中。

阿奇寺修建于 11 世纪上半叶，有传此建筑群是大译师仁钦桑布（Rinchen Zangpo）的杰作，但实际上据《拉达克王国》（伯戴克论述），该寺是由楚臣沃和阿吉巴·噶旦喜饶修建———二人都是没卢氏家族的成员。主殿之一杜康大殿内的铭文对建寺者没卢氏家族略有记载，该家族为宁玛派的代表，在佛教建筑史上一度占有重要地位，影响颇深 [1]。

寺庙位于印度河左岸被冲刷成的高原上（图 5-16），距离列城西部约 70 公里处。阿奇寺是拉达克地区重要的佛教建筑。国际建筑领域对拉达克佛教建筑的研究存在空缺，唯对阿奇寺的研究相对全面。阿奇寺从建筑外观上及建筑艺术上皆不同于藏式风格，堪称早期克什米尔佛教建筑的财富。15 世纪，格鲁派兴起，开始接管多数噶丹派寺庙，阿奇寺就是其中之一，现在该寺院由利吉尔寺的僧侣掌管。

阿奇寺是拉达克地区现仅存的一座建造在平地上的寺庙，周圈铁山围绕用来明示转经道（图 5-17）。根据佛教教义，寺庙内可进行日常的传经活动、举办会议、探讨辩经等。寺庙平面布局不规整，并不严格遵循对称或轴向布局，丝毫看不出原有设计的特征印记，主题呈自由状，藏经室、僧舍、窣堵坡等设置在建筑群中，另有果园、菜田布在殿堂旁。虽然阿奇寺的建筑布局同曼陀罗图案不同，可是建筑的主要殿堂布局仍遵循一定规则，譬如所有殿堂的大厅入口皆朝向东南，这意味着它们被视做是"面向东方"。

阿奇寺横向南北长大约 100 米，纵向大约 40 米。五座佛殿排成一列（图 5-18），基址方向微微倾斜，与印度的那烂陀寺布局雷同，深受印度影响。佛殿在西南方到东北方的轴线上依次是：拉康索玛（Lhakhang So Ma）、苏木泽殿（Sumtsek Lhakhang）、杜康大殿（Dukhang）、洛扎哇拉康（大译师佛堂，Lotsawavi Lhakhang）、文殊菩萨殿（Manjusri Lhakhang）或吉央拉康殿（Jamyang

1 L Petech.The Kingdom of Ladahk [M].Rome，1977.

图 5-16　阿奇寺沿途风貌

图 5-17　入口转经筒

图 5-18　阿奇寺佛殿排成一列　　　　　　图 5-19　阿奇寺的三座古塔

Lhakhang）。洛扎哇拉康殿的修建实为纪念大译师，殿堂内供奉着仁钦桑布的画像。除了这些寺庙建筑群外，阿奇寺内另有三座年代久远的佛塔（图 5-19），其内部绘有古老珍贵的壁画，仁钦桑布大师的画像也被绘制在其中[1]（图 5-20）。

　　建筑物大片刷白的区域都散发着泥土气息，主体墙面厚实坚固，墙体材料基本使用石头、石灰水与泥浆混合而成。印度河边上的白杨木则用来建造门廊、窗框和柱子，同时这些构件上雕饰着当地各种丰富的特色图案。寺庙的门厅位于走廊的右拐角处，最古老且最重要的建筑是杜康殿，在其左侧同样具有大量艺术瑰宝的建筑是 3 层的苏木泽殿，其内部仍然保留着 11 世纪左右寺庙风格的壁画。文殊菩萨寺在杜康殿的右边。不久后，新的寺庙又会建造在离其他建筑大约 10 米的地方。苏木泽殿和杜康殿两个相毗邻的神殿外墙面所用的颜色都来自矿物颜料，这就是为什么在泥石上的图像和墙的外表面始终光亮的原因。少量的木质雕刻品已经破旧得认不出来，但这丝毫不影响阿奇寺的这些不朽建筑成为拉达克宗教文化不可分割的部分（图 5-21~ 图 5-23）。

2. 寺庙入口

　　当人们身处寺庙的内庭院时，会立刻被主要入口的别致外观以及精心雕刻的内廊所吸引。在阿奇寺的入口处，门楣上雕刻有三叶拱形图案，联系到帕里哈斯朴拉的山墙，其也有一尊佛像位于三叶拱形图案形成的区域里。阿奇寺石刻柱头有克什米尔色彩，装饰精致，两者间有很多相似性。总结起来，在阿奇寺所在的

---

1 富兰克 . 印藏古物（第 1 卷）［M］. 加尔各达，1914:91.

图 5-20　阿奇寺古塔内部壁画

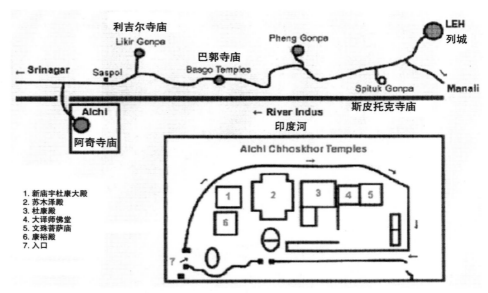

1. 新庙宇杜康大殿
2. 苏木泽殿
3. 杜康殿
4. 大译师佛堂
5. 文殊菩萨庙
6. 康裕殿
7. 入口

图 5-21　阿奇寺平面示意图

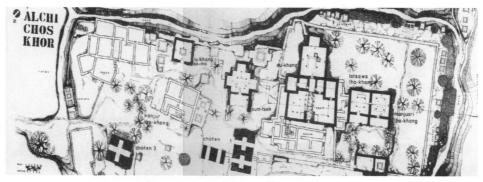

图 5-22　阿奇寺平面测绘图

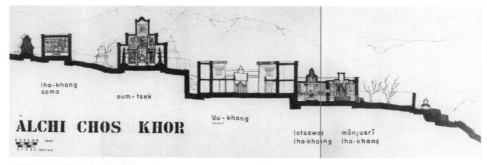

图 5-23　阿奇寺剖面图

西喜马拉雅地区和克什米尔地区的立柱的相同点表现为：方形柱头，上大下小，分两三个楔形线角安置在柱顶部；此外，阿奇寺内拜占庭式荷花根茎连续环绕佛像交织起来的图案同样是从克什米尔地区传到拉达克所在的西喜马拉雅地区的。我们观察到一个细节，就是在寺庙上层的弥勒佛头部前方开设了一个小门，清晨的光线从这里透过来，据说是有象征意义的。

3. 杜康殿

在寺庙结构中，一般杜康殿（Dukhang）为集会的地方，俗称"集会大厅"，是阿奇寺修建的第一座大殿。杜康殿占地规模相对不大，但其建筑构件的雕饰和内部的壁画却丰盈了整个空间，精彩绝伦，充满活力和灵性，其壁画的丰富程度是其他殿堂无法企及的。建筑格局采用早期的与仁钦桑布大师有关的布局形式。

悬浮的山花是入口大门前的框架的一部分，另外，在刻有叶形图案的拱券框架上还精细地雕刻着狮子和狮兽（Vyalas，神秘的守卫性动物）等图案，杜康殿门廊前的这种装饰和同时代帝王皇座的雕刻做法是相似的。围绕前院的围墙上画着连续成带状的菩萨（Bodhisattvas）像和佛祖前世的场景。

杜康殿的前院宽约 15 米，通过这个宽敞的前院可以进入杜康殿，门口的左右两边是圣地，分别摆放着观世音菩萨的镀金神像，右边另有三个其他神灵的神像和一个立着的巨大的弥勒佛像。其门厅入口是凹入的（图 5-24），两侧是两个边上有附属神龛的小佛堂。大门的门楣和框架雕刻着如来（Tathagatas）、菩萨（Bobhisattvas）和释迦牟尼（Sakyamuni）等神佛的生活，这些雕刻装饰和这栋建筑属于同一时代。其实早在印度笈多王朝（在 4—6 世纪统治印北）时期已存在杜康门廊上的这一风格，沿着门框延展一系列有纹饰图腾、宗教性雕刻内容的嵌板，这种模式会让我们联想到德奥加尔的毗湿奴神庙西门（6 世纪初）。

图 5-24　杜康殿门厅

两者门廊上的样式相同，但是在建筑材料的选择上却存在着明显的差异，譬如说阿奇寺杜康殿门廊为木构件并饰以彩绘，而以德奥加尔大殿为代表的大部分印度建筑的门廊则采用石料，古时印度经常把石材作为建筑构件和装饰构件，砖、石、木等结构也被用于多数印度建筑中。相较而言，拉达克地区的这种藏式建筑则采用土坯、石、木、泥土等建筑材料。

　　杜康殿是一座结构简单的矩形建筑，内部平面的空间大约为 7.5 米×7.9 米。殿内有两条长凳，僧人端坐在殿后部，进行诵经、静修、集会等活动。在靠近门厅的地方是一个生命之轮和大黑天神（亦称摩诃迦罗天神）。大厅由带着顶的柱廊构建而成，被 4 对木柱分隔开来。又有木雕飞檐装饰廊柱，廊柱由木柱承托。柱子上有沟槽，并且有着丰富的装饰字母和螺纹，如刻着箭柄和"爱奥尼式"的不同大小的字母，伸出来的梁的末端被刻成狮子的形状来美化这些木柱。虽然现在看来大厅的基本结构已经被毁坏，但是仍可以推测出从前的精细形制。

　　殿内有一个中央走道，摆放有一个中空的黏土做的佛塔。喇嘛的法座（主持典礼所用）和神龛设置在殿堂直对正入口的墙上。壁龛大小约 3.3 米×2.4 米，作为特殊的圣堂，内部装着尺寸较小的金刚持（Vajradhatu）的黏土像，它们已经被涂上了鲜艳明亮的色彩。富有神秘色彩的毗卢遮那如来佛像（Tathagata Vairocana）身穿长袍，被供奉在壁龛上，十分抢眼。另有壁龛承载横梁，其作为建筑构件，可以看做是倚靠在墙壁处的边柱。宝生如来（Ratnasambhava）佛像和不动如来（Akshobhya）佛像分别在左侧墙的上部和下部，而阿弥陀佛（Amitabha）像和不空成就佛（Amoghasiddhi）像分别在右边墙的上部和下部，且都选用特殊适当的色彩。建筑木雕细部极为精致，两只海兽蜷缩在椽上，分别是：乾闼婆（Gan-dharva）——骑在鱼背上的造型；摩羯鱼（Makara）——螺旋状的花冠从其口中喷出。摩羯鱼首尾相接，层层花冠萦绕，整体造型呈拱形。殿内华盖上绘制了天女阿普撒拉斯（Apsaras）两尊——海兽乾闼婆的妻子。杜康殿的大厅形制与位于列城附近的聂尔玛寺（Nyarma）以及位于斯必提（Spiti）的塔波寺（Tabo）的议会大厅形制相似。厅内只有两个很小的窗户，光线只能从入口和天花板未加装饰的两个开口进入，因而光线极不充足。而这个大厅宽广开敞的空间事实上在很长一段时期内是给教会僧人（也包括俗人）举行宗教仪式使用的。

　　杜康殿的壁画种类很多样化，度母、般若佛母、大日如来、曼陀罗等形象皆罗列其中。以度母等女神形象为例（图 5-25），有克什米尔样式的身体比例划分、整体圆润修长、腰部纤细、头部饰品精致、手臂姿势雅观、身上细腻的织物纹样等都具备了典型的克什米尔壁画风格。殿堂内的黏土雕塑最近已被修复完好，但是一些绘画装饰却被一层层的灰尘覆盖，变得暗黄并且模糊，相当一部分图案由于参观者的手指或身体的碰触而被抹去了，尤其是入口处绘制有重要历史事件的墙面。

图 5-25　绿色度母

4. 苏木泽殿

苏木泽殿（Sumtsag）前门廊进深3 米左右，它的侧墙颇为坚固，被有着凹槽的木柱分成三部分。主要的柱子上刻着丰富的螺纹和小保护神像。装饰丰富的梁楣被支撑着，它们之间的开放空间被三个束柱和三角图案的三叶拱券隔开，拱券中放着不动如来（Akshobhya）和菩萨（Bodhisattvas）的木质雕像（图5-26）。这种三角形框架在中世纪的克什米尔建筑中是被广泛运用的元素。建筑结构以支撑底层天花板的梁作为结束，梁上刻着狮子头，在犍陀罗和克什米尔图案中已经多次出现过这种图案（图5-27、图5-28）。

犀那王朝时期（8—12 世纪）的一些印度寺庙是这类建筑格局的元祖，譬如乌丹塔普里寺、位于帕哈尔普尔的月王城寺（Pāharpur Soma Pura）等。以月王城为例，三个阶面及十字形平面特征明显。在克什米尔的一些地区所遗留的建筑相应地亦表现为多角十字形平面。

在佛教的传统里面数字"三"寓意很深，应用也极其广泛，被冠以许多神圣的名号，如小乘、大乘、金刚

图 5-26　苏木泽殿入口三开间门廊

图 5-27　苏木泽殿入口门廊柱头木雕 1　　图 5-28　苏木泽殿入口门廊柱头木雕 2

乘"三乘"，应身、化身、法身"三身"，僧、法、佛"三宝"等。另外，在寺庙中，"三"的字条也适用于多处。殿堂外立面两侧对称，和谐统一，建筑三层分别列有三道门，从底层至顶层尺寸依次减小，分别是门廊、凉廊和天窗。天窗是殿内最重要的采光口，使寺庙内部空间光亮舒展。简陋的土墙面上方线性的结构对比着克什米尔风格的精致木料，两者形成强烈的反差。门廊有三个开间，被两柱分隔，柱式仿照爱奥尼风格，涡卷式柱头，竖向凹槽柱身，整体呈古希腊样式（图 5-27）。山形的墙面融合了西喜马拉雅地区建筑艺术特点，并未展现准确

的某种固定风格，而是历史交融的结晶。山形墙的中心刻着一尊属阿閦佛类的佛像，在莲花宝座上端坐，与之相呼应的是门廊背后墙面上绘制的相同的佛像，手持相同的相印。山墙正面阿閦佛的右端雕刻的是金刚萨土垂（Vajrasattva）像，其左手拿铃，右手持金刚于胸前平举，特性突出。左端雕刻的佛像因为没有明显特征，所以无从考证其真实身份。从外

图 5-29　苏木泽殿入口爱奥尼柱式

观看来，这尊佛像配有项链、宝冠头饰、臂钏和耳坠，优雅端庄，形似管辖坛城东南方的女神——名曰"遍见母"（Locanā）。总体来说，苏木泽殿正面墙壁雕刻有三尊佛像，阿閦佛，也就是金刚家族之主在正中间，旁边两尊佛像地位稍低，由此可确定苏木泽殿系属金刚乘部。结合噶丹派的时期在寺庙内绘制的坛域里阿閦佛掌管东方区域，苏木泽殿的入口雕饰的阿閦佛也起到同样的作用，面朝东南方，守护着四周环绕墙体的立体曼陀罗格局，由此处揭开了苏木泽殿的神秘面纱（图5-28、图5-29）。苏木泽殿的正面表现出对克什米尔地区的马尔丹德寺仿木柱础的参考模仿。上文提到过的32位被仁钦桑布大师从克什米尔带来的艺术家将克什米尔风格的建筑样式带到了拉达克，搭建了两地文化艺术的桥梁。

苏木泽殿是三层楼的神殿（图5-30），作为佛法的启蒙大厅，据说是由一位名为楚臣沃的知名人士修建的，他同时也是入口塔门的建造者。另有铭文道：三层庙宇的殿堂可能还保留着它原来的名字"成堆的珠宝"，这一说法是根据它华丽的室内壁画和雕塑而来。它与杜康神殿一并贮藏有很多精致唯美的壁画，是雕塑和画像最多的殿堂。建筑采用中空结构，由于历经了多个年代，现在上层已无法承重。苏木泽殿这座三层寺庙在西喜马拉雅地区享有很高的地位，寺庙占地面

图5-30　苏木泽三层殿

积约 50 平方米，基座宽 11.4 米，建筑高度大致也为 11 米。

该建筑表现出了明显的藏族风格，是阿奇寺里典型地演示了建筑趣味的建筑，结构非常巧妙。平面与立面结合形成坛城图案，门廊微微仰起，其突出的建筑结构和内部的三个壁龛形成十字形平面。仔细勘查各部分位于十字平面上的建筑单体可见，殿堂特殊之处在于分别留出了锯齿形的凹口，这种结构给人以延伸到四方的感觉，扩展了平面的空间构成，展现了立体坛域的宏伟。联系到埃及金字塔的几个截面，苏木泽殿也可分为三个截面，截面边缘勾画有绛红色线性涂料，坛城中心的须弥卢山位于最顶层，大气高耸之态仿若宇宙中心。建筑材料使用土坯、泥土、石块等，在外墙再饰以白土，经光线反照后洁白一片，横梁部分采用浅浅的红色木质材料。这一建筑奇特而美妙地混合了西藏和克什米尔元素，墙壁结构坚实清晰，是西藏本土的基本建筑风格；而所有的木质雕饰都放在建筑平面和室内装饰上，是典型的克什米尔装饰风格。根据资料显示，此种形式的形成可能要归因于西藏皇室和神职部门聘用的克什米尔工匠。

进入底层走廊，经由飞檐简单规整的木质门廊，可见一个灰暗的方形大厅，苏木泽殿的底层空间便展现在眼前。虽然建筑外观看起来很是古朴，但是内部装饰非常精致。寺庙内外的反差如同稀世珍珠被贝壳包裹起来一样，类似于一些藏族寺庙，平实质朴的外墙面护卫着内部的华丽色彩和精致的形制（图 5-31）。

P. 派尔评道：当人们赞赏这些建筑的简朴时，再不会料到其内部欢迎你的是如此豪华的视觉盛宴。如同坚硬的贝壳深藏起精致璀璨的珍珠，朴素的建筑也以平实的外形（与多数藏族寺院相同）而忠实地护卫着墙内这个形制、色彩都华丽辉煌的世界 [1]。维加拉（P.Mortari Vergara）则试图接近事物本身描述：建筑的外表象征着物质表象的简单和瞬忽易逝，而其内部则富涵璀璨生动的色彩（图 5-32），它代表灵魂世界。通道入口象征从尘世通往灵界的界点，以雕刻为主的纹饰富丽铺陈，可与古典基督教和罗马式教堂相媲美 [2]。

建筑进深约 5.4 米，开间约 5.8 米，至木质天花板的高度是 3.5 米。大厅中央有一个 2.4 平方米的空地，四角位置处则由克什米尔风格的木质圆柱支撑，中心位置竖立有大型泥质佛塔，其建造时间可能比寺庙建造时间晚一些。这一层空间

1　P Pal. A Buddhist Paradise: The Mural of Alchi [M]. Honkong: Western Himalaya, 1982:12.

2　P Mortari Vergara, G Beguin, Dimore Umane.Santuari Divini—Origini, SviLuppo e Aiffusione dell' Architecture Tibetan.Roma Parigi, 1987:266.

图 5-31　苏木泽殿天花壁画　　　　　图 5-32　壁画色彩多样

较为窄小，因此很难用来举行宗教仪式。除去入口的墙壁，苏木泽殿的底层三面墙壁上分别在中心修建了宽约 2.1~2.7 米的三个尺寸较大的壁龛，壁龛与壁龛间依次排布柱子，柱头的形状融合了本土风格和古希腊爱奥尼以及多立克柱式的风格。底端架有木梁，上面连续雕刻着一排植物形纹案——卷曲并向内旋转的波纹，与古希腊时期的葡萄藤蔓（一种酒神）相似；侧面是狮形的梁托。顶端正面的木梁呈棋盘样式凿刻，狮首图案每隔一段便有雕饰，用来装点展露在外面的橼尾。这种棋盘样式源自印度建筑中的格子窗，部分格子窗上有用于装饰的石刻标本，例如岩刻塔庙（在德干西部），另一些窗子则仅限于建筑的采光。殿堂山形墙饰有三列拱门的彩绘，屋顶被四根木柱支撑着，柱身刻有凹槽，柱头为爱奥尼样式，勾勒出一个方形的空间，另矗立着窣堵坡，一直通向上层空间。

壁龛内供奉着三尊饰以彩绘的大体量佛像。观世音菩萨在左边，弥勒佛在中间，文殊菩萨在右边，三尊雕像都是用黏土粉饰的（图 5-33）。从左侧至右侧依次分析：在左边的壁龛中存放着白色的神像，大慈大悲观世音菩萨（图 5-34），有一张脸，四只手，并用皇冠和花环装饰着。神像高约 4 米，贴身衣纹，外表干净洁白，穿着天

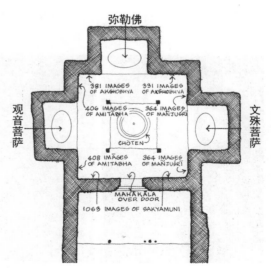

图 5-33　苏木泽殿一层平面图

衣（Dhoti），天衣湛蓝的底色上面绘制着线条流畅的建筑纹样，譬如含多臂神像的神龛、覆盖有帐幕的双身佛像、极具喜马拉雅特色的殿宇等，长袍上描述的场景十分复杂并且没有一个统一的主题。佛像的中间偏下部方位的膝盖间，有一尊尺寸较小的彩绘佛像，背部环绕着三列拱门，手结施愿印。壁龛上布满了成排的僧俗、飞天骑士等，密密麻麻充盈着任意一个细小的空间。这些图案虽然不遵循近大远小等透视原则，但在同样一个空间中却另显生动灵活，图面和谐统一。图面描绘的历史远古悠久，景象优美细腻，各种圣地遗址、别具韵律的寺庙院落等令人游目骋怀、拍案叫绝。

处在中间位置的佛像是未来佛——弥勒佛（图5-35），整体呈传统的深褐色，是三尊佛像中最高的，达5.18米，佛像的顶部甚至可以碰到天花板，身体施以红色，身上的天衣与观世音菩萨佛像一样犹如湿衣贴服在身体表面，凸显着本体的身形。衣服上有几十个圆形佛样文案的圆环，色调呈红色，模拟了从前的佛本生图传，描述了释迦牟尼佛一生中十二个主要事件。圆环分别描绘了释迦牟尼在兰毗尼的出生，他的自我牺牲，他对于人们的启蒙教化，他的教法的变化以及他的圆寂事件等。圆形图案由沙漏纹案连接，沙漏缀在圆环的四周，一定程度上来说是对佛教传统的金刚杵的描摹。

右边壁龛中的橘黄色的神像智慧菩萨——文殊菩萨（图5-36）同样有一张脸四只手，同样用皇冠和花环装饰着。高度约有4米，穿橘黄色的衣着，衣服上绘制着密宗系统内的八十多位有大成就者，又名大悉达，图案中各位悉达皆系瑜伽

图5-34 观世音菩萨像　　　图5-35 弥勒佛像　　　图5-36 文殊菩萨像

坐姿，周圈围绕着鲜明色泽的格纹，主色调为红、绿、青。

总体来说，这三尊有着传统标记的神像都存放在各自的壁龛中，而弥勒佛神像是最雄伟的，在地板上不能完全看见，其他两尊则可以看到全貌。与其他寺院神像不同的是，他们的上半身直到腰间基本是裸露的，腰部往下都有装饰。神像眼神中流露出拥护的神情，而他们的衣服纷纷描绘着如同宇宙间的神一样多彩的历史景象。

此外，弥勒佛像的壁龛内的题词铭文，提到了这三尊巨大的佛像，分别代表着立身、语言以及思想，题词还显示了扎西·南吉统治时期苏木泽殿曾经历过的一些修复，并展示了对佛教徒、教条以及拥护者奖赏等历史。我们可以通过对三尊佛像的探究，证实所有事物都具有普遍性又都变幻无常的这一观点。人们通过一系列佛像净身系统的修炼，进入未被污染的真身（美貌、荣耀、权力），从而进入佛界。比如文殊师利菩萨佛像代表着身洁，即身成佛；弥勒佛像则使"乘"变得人格化一些，远离诱惑从而获取佛身的常驻。

一层（或者叫"中间大厅"Bar-khang，底层以上的第一层）通风比较好，入口的墙面上刻着神职人员的队列，这堵墙上有着唯一可以采光的窗户。通过一个作为楼梯的有锯齿的大树干可以抵达这一层，低矮的入口由带有克什米尔木雕刻风格的门廊所遮盖。内部空间宽约 8.7 米，底层弥勒佛的头部可以在这一层看到，相应的含有雕塑的三角形壁龛的山墙也延伸到了这一层。与底层相同，在中央空地处的四角位置上，四个圆柱支撑着上一层的木质天花板，螺纹的雕刻纹样装饰着两边四尊如来佛像以及它们的象征图案，展现了典型的克什米尔工艺技术和样式特点。墙上是毗卢遮那佛、十一面的观世音菩萨和般若波罗蜜多（Prajaparamita）神像，还有曼陀罗图案和五个佛的小画像。

二层也就是苏木泽殿的顶层是无法攀登上去的，无法企及的这一层与世俗世界隔离了开来。建筑面积 3.5 平方米，正面墙体都被曼陀罗图案覆盖着（图 5-37）。每层都有自己的用柳树枝编的屋顶，顶部屋顶上覆盖着泥土，与一片矮墙相毗邻，并且采取了排水措施，每逢下雨天，雨水就会沿着木质管道从屋顶顺势流下。

5. 拉康殿

阿奇寺的拉康殿（Lhakhang）是后来修建的形制相对简单的建筑（图 5-38），其壁画与 13 世纪前后中亚壁画风格相近。在《阿奇寺》（Alchi）一书中也有提到：

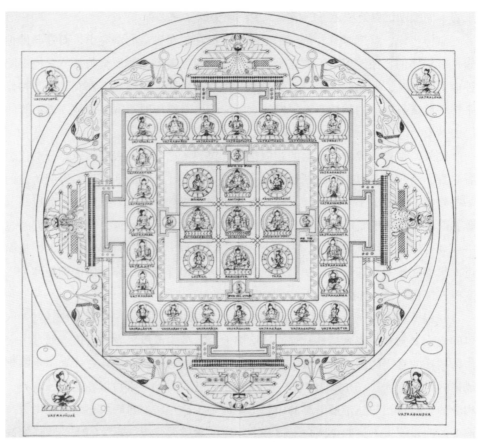

图 5-37　苏木泽殿的曼陀罗

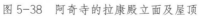

图 5-38　阿奇寺的拉康殿立面及屋顶

图 5-39 拉康殿内部 1   图 5-40 拉康殿内部 2

这里的壁画与其他建筑殿堂里的壁画强烈不同，但是与哈拉浩特（Khara Khoto）地区的壁画相似。拉康殿建于苏木泽殿左侧 11 米的地方，建筑高约为 5 米。根据相关资料显示，殿内部开间 5.4 米，进深 5.1 米（图 5-39、图 5-40），入口门厅未设置柱廊。

6. 塔门

阿奇寺的窣堵坡多数是塔门（Kaka Ni Chorten）的形式，从中可以穿过（图 5-41）。塔门在阿奇寺有自己独特的位置：连接着转经道抑或是寺庙群的出入口，和门廊的作用相同——指明了进出圣地的线路。塔门的内壁绘制着精彩的壁画，壁画内容有仁钦桑布像、诸佛、坛城和印度班智达。另外，有许多其他佛塔在围绕阿奇寺圣区的围墙外面成排地矗立着，它们的上层建筑被气候变化损毁了，内部装饰被厚重地重画了。塔的穹隆顶材料普遍是彩绘的木料，这种材料的使用方法多数来源于以下各地方的统一覆盖方式，诸如建于 5—6 世纪巴米扬石窟寺（B-amy-an）；建于 6—7 世纪的处于克孜尔（Qizil）的画师石窟。所罗列的这些建筑的天顶皆采用木材，由三个方形交错而形成（图 5-42）。也正是由于木构

图 5-41　阿奇寺周围塔门

件承担了建筑的基本成分，致使现今这些建筑几乎荡然无存。值得庆幸的是，在拉达克因为当地人细心维护的艺术观念以及本土干燥的天气状况，接近本土的穹隆形建筑保存到现在。

在阿奇寺的佛塔中最引人入胜的是位于阿奇寺转经道入口的体积较大的塔门（图 5-43），突出了神圣区域的入口。它位于苏木泽殿东南方向大约 37 米处，离当前通往寺庙大厅的道路有一段距离。其重要意义一方面在于自身不同寻常和令人印象深刻的结构及壁画，另一方面在于内部梁上呈现的碑文。

该建筑实际为一个两层的殿堂，上层比底层缩小了 1.5 米，天花板为木质穹隆形，含有七层梁架的木枋，每一个下层的尾角皆被斜跨于上层梁架，其围合成的三角形空间被木板封住。所形成的八层部分重合起来的方形，分别切过下层的方形角，方形的面积也自此逐渐缩减（图 5-44）。塔上覆盖着五边形屋顶，与位于菩提伽耶遗址的五塔式大菩提寺（Mah-abodyi）相近，佛塔中窣堵坡凸显，包

图 5-42 阿奇寺塔门内部

图 5-43　阿奇寺入口大塔门

图 5-44　大塔门内部梁架和精彩的壁画

含四角的小塔楼以及中央大塔楼，建筑的顶层平面有坛城神圣之寓意。佛塔底层约 3 米高，厚厚的粉刷墙面通常被一层微微凸起的柳树枝覆盖着。有四个小角楼，坐落于四角，五座建筑集中在一个单一的结构里，角楼是部分中空的立方体，内部是老旧的黏土祭品。佛塔建在一个厚重的基座上，基座高约 1.1 米，南北方向 9.7 米有余，东西方向约 8.4 米。底层作为该建筑主体，有极其厚重的墙，且从外观上看建筑主体在四个方向都有貌似可开敞的门的牢固的立方体墙面，但如今我们只可看到一个朝向东面的门尚且存在。同时，倾斜的钢筋也被加入其中，目的是为了建筑结构的稳定性。上层建筑高约 1.5 米，含有一个开敞的两边有着雕刻图案的窗户。中央塔的尖顶原本是细长的窣堵坡的形制，但是由于气候的变化，形状发生了改变。从《阿奇寺》一书中了解到：这一层的内部空间是类似一个小殿堂的房间，也是用来供奉佛塔的，它的木质天花板则建成一种"灯笼形式"的穹顶 [1]。这种中世纪克什米尔广场建筑风格的典型，很可能源于伊朗，而且在亚洲的从巴米扬（5—6 世纪）到克孜勒（俄罗斯行政区）的很多地区都被使用。

方形结构的木梁框架置于底层厚重的墙上，支撑着内部的佛塔。木梁高 2.5 米，用红黏土制成，内部佛塔的形式和同时代的印度北部、克什米尔和西藏的佛塔的风格相一致。支撑室内佛塔的东侧梁架上的铭文写道：这个塔门修建有许多个门，是吉祥的象征；并且被称为"拥有十万种幻想"，所指的是塔外部的墙面上画着的众多佛像和菩萨画像。塔内部壁画也极为精彩。从前建筑表皮为鲜亮的红色涂料，如今被简单的白色涂料覆盖，使得其形式外观与周边环境相互呼应。

另外，《阿奇寺》还提出一个观点，即阿奇寺的这些外部建筑很可能是作为保护神圣的室内佛塔而建造的。而笔者认为，不管阿奇寺的建造目的如何，其区域内大量的大型塔门及室内供奉的各种小型佛塔在一定程度上代表了当时的建筑风格和工艺技术，是我们研究早期寺庙及佛塔的代表性资源。

7. 壁画

阿奇寺的壁画杂糅了西藏、尼泊尔、中亚和日本等地的早期壁画元素。依据《仁钦桑布传》等一些早期的资料及其艺术风格，大致判断出这些杰出的壁画作品受到克什米尔地区艺术装饰派别的影响（在克什米尔基本已经不存在相关的参考文

---

1 Nawang Tsering.Alchi [M] .Leh:Likir Monastery, 1941.

献），拉达克阿奇寺内的壁画是尚存的能够证明古老克什米尔壁画样式风格的证据，若把其同克什米尔雕像结合比较后便可判断一二。

10世纪到11世纪期间，大量克什米尔风格的青铜雕塑所特有的元素在阿奇寺的壁画中得以再次呈现，如：坐佛的双膝一般都会凸显在莲花宝座的边界外；壁画的艺术造型中一个较突出的方面则是增加了佛像的胸部肌肉的立体效果，处理极为逼真，古代犍陀罗艺术不仅在克什米尔雕塑中有所体现，更深深地表现于阿奇寺内壁画的这种造型倾向中；摒弃了单调的直射光线，纷繁的光影效果源自强烈的明暗对比，细致地描摹出婀娜、优雅、窈窕的身体语言。

著名评论人派尔（P. Pal）叙述道："人们在欣赏阿奇寺的壁画时，皆称赞画像的轮廓线条起伏具有韵律感，流连于其线条的律动优雅、细节精致，诸如涡卷纹案和葡萄藤蔓的柔顺，人物形象的逼真，丝绸锦缎的陈列大气豪华。"派尔还评述道："身临其境如同在欣赏交响乐，各式各样的音符巧妙地融合，给人无与伦比的新奇盛宴。"[1]

阿奇寺苏木泽殿内的墙面色彩丰富，璀璨纷呈，黄、白、红、金、天青、桃红、青绿色等各种色彩交相呼应。建筑的屋顶和大佛塔相同，呈灯笼形式，雕塑和壁画等室内装饰的主题使得苏木泽殿的三层建筑分别隶属于三种不同的宗教价值观和内涵，底层象征佛教形式中的超度和重生，第一层建筑的曼陀罗图案（图5-45）是用来做特殊指示和入会式的，顶层则布满神秘并且卓越的壁画风格。描绘的实物包含坛城、佛教众神、尘世的生活图画和佛本生图传。其中，尘世生活场面中的一些人物原型分别来自宫廷中的妃嫔、国王、骑士，场景有仪仗、宴饮等；通过它们可以对当时的服装样式色彩进行深入的研讨。每一幅壁画内容都不尽相同，采用相互独立的构图手法，在不破坏整体布局的情况下相得益彰，局部精美突出，整体和谐完美。曼陀罗描绘了像观世音菩萨、阿弥陀佛（图5-46）和不动金刚佛（图5-47）等神灵，三位神明凭借自己本身的头衔而闻名，因而在早期的大乘戒例中占有特权地位。文殊菩萨的神像则装饰在其他墙上（图5-48）。另外，苏木泽殿二层绘制有佛系毗卢遮那佛和他的明妃，毗卢遮那佛象征大慈大悲，明妃象征着智慧，而智慧与慈悲恰恰是佛的两大要素。值得注意的是，在噶丹派的曼陀罗图案和佛画里，毗卢遮那佛一般会居于中心地段，但是明妃的位置则被曼陀罗

1　P Pal. A Buddhist Paradise:The Mural of Alchi [M].Honkong: Western Himalaya, 1982:49.

图 5-45　曼陀罗图案壁画

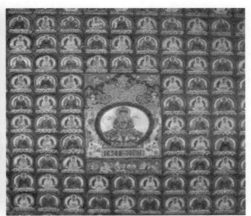

图 5-46　阿弥陀佛壁画像

图 5-47　不动金刚佛壁画像

图 5-48　文殊菩萨壁画像

中心结触地印的阿閦佛代替。同样，印度地方各个艺术派别的主要强调部分也有
所不同。比如联想到举世闻名的笈多时代的艺术风格，以结说法印的佛陀为主；
但是在后来的波罗画派别里，则将结触地印的佛作为主体，扬善除恶，象征着降
魔除怪，从而在精神领域里获得至上的觉悟。

　　阿奇寺壁画的真正价值在于它的完整性，它代表着传播到中亚地区艺术形式
的典范，这种艺术风格在它的发祥地——印度的西北部和中亚都已不复存在，史
评有道："阿奇寺庙中的一些画像在快速发展的历史里幸存下来是最值得注意的"。

当地的建设者认为阿奇寺所代表的拉达克的佛教建筑艺术风格不是由人创造的，而是由上帝创造的。事实上，这里的壁画，尤其是精致的图案，比西方的一些当代壁画更为精美。这些壁画内容包含有上千个佛像的图案，另有木质的佛像。该寺庙群中的建筑壁画样式与古格时期的很相似，比拉达克地区佛教寺庙中的所有西藏样式的壁画所属年代都要早些。

第四节　拉达克其他各教派寺庙实例

1. 止贡派寺庙

（1）喇嘛玉如寺

在《拉达克再发现》（Rediscovery of Ladakh）一书中这样描述喇嘛玉如寺："喇嘛玉如寺是印度真正的风景如画的村子，美得仿佛不存在现实当中。"（图 5-49、图 5-50）海因里希·郝瑞（Heinrich Harrer）在《回到西藏》一书中也提到："不能够想象出一个比喇嘛玉如寺更加美丽和谐的建筑实体。"

喇嘛玉如寺，拉达克最古老的寺院之一，曾是拉达克地区规模最大的宗教文化中心，修建年代可以追溯至 11 世纪初期。据史料记载，这里最多时有近 400 名僧人学法，目前缩减为 40 人以下，随着时间推移，寺院多处已经损坏。悉达查亚·纳若巴（Siddhacharya Naropa，956—1040）上师，西藏地域伟大的精神领袖、印度智者，为该寺庙选址[1]。据说，这里曾经是一个湖泊，约在 10 世纪末至 11 世纪初期，悉达查亚·纳若巴上师曾在山洞里冥想了 3 年之久，随后就运用法力将周边的湖水吸干，继而建造了此寺。实际上，寺庙中存在更古老的建筑，被称为森格岗，比纳若巴上师所处的年代更早，它被认为是译师洛札瓦·仁钦桑布抑或是其弟子修建[2]。

喇嘛玉如寺位于列城—斯利那加高速路旁边（图 5-51），列城西部 125 公里处。寺庙建在一座山上，俯瞰迷人的风景，风蚀带来的湖中沉积物被自然地染上了一层梦幻的黄色。在建寺开始的 500 年中，它属于噶丹派，但在 16 世纪杰央·南

---

1 比热施瓦尔·辛格修订过的纳若巴年表《纳若巴，他的生平与活动》，载 JBRS，1967，53:117-129.

2 图齐.印度——西藏（Indo-Tibetica）第 1 卷.罗马，1932:68-69.

图 5-49 喇嘛玉如寺周边的美丽景色 1

图 5-50 喇嘛玉如寺周边的美丽景色 2

吉（Jamyang Namgyal）国王时期，作为一种祭祀形式，它被转变成了止贡派。据说杰央·南吉摒除这片土地的法律，免除了寺庙的税收，而图登·仁波切（Togdan Rinpoche）——寺庙的领导——则明确了寺庙的发展方向，极大地帮助寺庙解除了作为佛教机构的繁重责任。

图 5-51 去往喇嘛玉如寺的列城—斯利那加高速公路

和这一地区其他寺庙相似，喇嘛玉如寺依山造势，修建有多座建筑（图 5-52），每一处都供奉历代佛陀的化身和各类神明、菩萨佛像等，另外，寺庙内还摆放有多个珠宝镶嵌的佛塔。入口处是一个大的塔门（图 5-53），远远看上去，山体已经出现了裂缝。喇嘛玉如寺的殿堂内部尺寸都不大，柱子全是新的，仅柱头保存原样（图 5-54）。墙面绘有狮、象、龙等图案，部分壁画已有剥落（图 5-55）。寺庙近年来正在进行一系列的修复，且有着整套新的壁画，譬如说有曼陀罗图案的壁画（图 5-56）。具体来说，寺庙最古老的是森格岗建筑，墙面刷灰泥，殿内放着一座坐在狮形王座的毗卢遮那佛像（图 5-57、图 5-58）。庭院带有檐廊，四面围合，平面布有一座佛殿、一间经堂以及藏经阁、印经房、王室用房、僧舍和法王殿（禁止妇女进入）（图 5-59）。寺庙的主体是由纳若巴洞穴衍生来的杜康大殿（图 5-60、图 5-61），它是喇嘛玉如寺主要的集会大厅，在洞穴刚开凿出不久时建造。它包含三个泥土雕像，造型和色彩各有不同，分别代表着三位

图 5-52　远观喇嘛玉如寺

图 5-53　喇嘛玉如寺入口大塔门

图 5-54　喇嘛玉如寺大殿的柱头

图 5-55　大殿内部分剥落的壁画

图 5-56　最新修复的壁画非常精美

伟人：纳若巴（Naropa）、玛尔巴和密勒日巴（Milarepa）。其中，纳若巴是玛尔巴的老师，噶举派就由他开启。位于内部的圣房内的是度母佛像的化身雕像，上方的四个房间中的两个是给喇嘛领袖的，第三个装着木块，第四个房间是用来保护凶神的贡康大殿。藏经阁、印经房内还珍藏着宗教、法律和伦理道德方面的稀有的手稿系列。神房内摆放有保存完好的毗卢遮那（Vairocana）雕像，端坐在一个青铜狮子上，这座雕像处于正中心位置，代表了禅房的主要形象，其他佛像则处于次要位置。十一面的观世音菩萨和大日如来佛像壁画装饰了左面的墙面（图5-62）。右边墙上的曼陀罗图案则由于毁坏太严重了而根本无法辨认，依稀可见一些保护神像的痕迹（图5-63），联系到阿奇寺的形制，其左边墙上可以看到释迦牟尼生活中的微型场景。

　　瑞典探险家斯文·赫定（Sven Hedin）经常到寺庙拜访，他指出喇嘛玉如寺位于"多石的高地，僧院建造在上面，几乎垂直地从平原上拔地而起。一两个庙宇从无处不在的灰色环境中跳出来，一些耕地在成丛的茂密的树木之间露出"（图5-64）。此外，他对于僧人们的舞蹈也很感兴趣，在观看寺庙的喇嘛跳舞时他感

图5-57　寺庙工作人员为我们打开最古老的建　图5-58　殿内毗卢遮那佛像
筑——森格岗的门

图 5-59　喇嘛玉如寺的庭院

图 5-60　若巴石窟

图 5-61　杜康大殿内景

 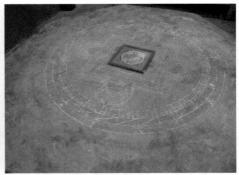

图 5-62　神房内的佛像　　　　　　图 5-63　作画曼陀罗的底盘

图 5-64　石窟与建筑结合的喇嘛玉如寺

叹说："这些喇嘛自我强制的闭关修炼应该会比较枯燥，显然他们唯一能够分散注意力的事情正是炫耀着对宗教的狂热以及为游客们带来的精彩表演。"（图5-65~图5-68）

（2）皮央寺

皮央村位于列城西面约 20 公里，依照拉达克这一时期寺庙建造的趋势，寺庙惯有地建在一座小山的顶部（图 5-69），周围村落环绕（图 5-70~ 图 5-72）。它是塔什·南吉国王建造的拉达克两个止贡派寺庙的其中之一，此寺庙的喇嘛首领的化身是图登·仁波切（Togdan Rinpoche）。史料记载，当时拉达克国王为了夺取王位而把自己哥哥的眼睛挖了出来，这座寺庙就是他为自己残暴的行为赎罪

图 5-65　喇嘛领袖的宝座

图 5-66　画有拉达克佛教建筑的壁画

图 5-67　玛尼堆

图 5-68　油灯

图 5-69　皮央寺远景

图 5-70　皮央寺下的村落与民居

而修建的。

　　寺庙主要的杜康殿把毗卢遮那佛作为主要的雕像，释迦牟尼次之，它的墙壁绘有金刚持佛像（Vajradhara）的壁画。另外一个新建造的杜康殿内也摆放着一些雕像，这个大殿主要作为寺庙的图书馆使用。殿内有一些精美的金刚持佛像（Vajradhara）、帝洛巴（Tilopa）、纳若巴（Naropa）、玛尔巴和密勒日巴像。寺庙有着丰富的克什米尔的青铜佛像，究其，都建在 14 世纪前（图 5-73）。

　　皮央寺内除了精彩的壁画佛像（图 5-74），以外同样值得注意的是它的整洁。充足的光线和清新的空气可以帮助我们近距离观察壁画的细部。据寺庙僧人介绍，皮央寺的保养和维护得到了当地有关部门的重视。皮央寺一年一度的庆典是在藏历的第一个月份的 17—19 号举行。

2. 竹巴派寺庙

（1）赫密斯寺（Hemis）

　　拉达克的赫密斯寺是晚期著名的竹巴派寺庙之一，闻名遐迩。寺庙位于印度河左岸，距离首府列城 50 公里处，海拔约 3 800 米，周围村落围绕。寺庙建造于 17 世纪，在拉达克国王桑格·南吉的邀请下，由达仓热巴（Stag-tshang Ras-pa）僧人修建，修建寺庙的意义是为了承认在朗达玛受到挫折后在复兴佛教过程中所做的贡献，除了赫密斯寺，达仓热巴还在切木瑞、安和塔石喷分别建立了寺庙。根据寺庙中的史料记载，赫密斯寺在 1620 年开始建立，1640 年完工。建筑依山而建，一层接一层，很是壮观。

　　赫密斯寺由两侧是喇嘛住所的雄伟建筑构成，前部是玛尼石堆砌而成的壁岩

图 5-71　皮央寺大殿

图 5-72　皮央寺内院

图 5-73　皮央寺大殿内景

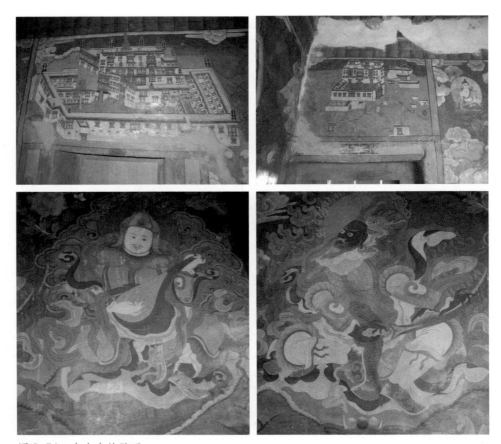

图 5-74 皮央寺的壁画

和白色的佛塔（图 5-75、图 5-76），上部是有名的洞窟——郭昌巴洞窟，四周围绕着溪水山谷，环境幽静，唯美的花园充满了转经轮，另外有一个大的转经轮需要两个人才能启动，各种尺寸大小的灯在周围一直燃烧。寺庙入口有柱廊，柱子比较粗大，造型古朴，但是已经经过修复（图 5-77）。大殿面朝东，是两层的回廊围绕，底层墙面描绘着人物壁画，墙面的壁画年代较新（图 5-78）。大殿 7×7 开间，共有 36 柱。中间 4 根柱子高到顶层，因而有良好的采光。围绕大殿周边的梁柱换了新的，建筑也正在修复当中（图 5-79）。赫密斯寺被称为孤独之地，其中一间大殿中有一座 12 米高、在 20 年前完成的莲花生大师像。赫密斯寺属于竹巴派顺序下的噶举派，达仓热巴（Stag-tshang Ras-pa）是第一位到赫密斯寺的喇嘛，寺庙内部有其画像可以佐证。随着时间的推移，寺庙经过了改建加固，

图 5-75　远观山顶上的赫密斯寺

图 5-76　赫密斯寺建筑外观

图 5-77　柱子雕饰

图 5-78　赫密斯寺走廊的彩画

图 5-79　赫密斯寺大殿及内部天花

现在我们已不能准确区分原构件和后来添加的构建部分（图 5-80）。寺庙有精致的木雕彩绘，纵长布置，从工艺大致可窥探出克什米尔风格的印记。分布在山坡下方的一座座小房子是农民的住宅，他们是赫密斯寺的佃农，为寺庙耕田种地、辛勤劳作，延续了西藏传统的庄园制（图 5-81）。

　　走入赫密斯寺内院时，两座殿堂分别建于左右两侧，紧靠在一起。左手边的寺庙是宗康殿（Tshogs-Khang），也就是一个集会大厅；右手边是杜康殿。宗康殿在寺庙中占有比较重要的地位，给人留下深刻的印象。宗康殿释迦牟尼的佛像放在中间，在它后面还有一尊大佛像，另外，在神龛里还有一些镀银和镀金的佛像。已故僧人的住所位于宗康殿的顶层，大殿上层设有充当皇家住所的房间，用来接见皇室，另有多间僧房和保存其他寺庙珍宝的房间。相较而言，杜康殿的价值则略小，里面有一些 17 世纪的壁画和蒙着面纱的女神。第三座殿堂拉康殿被称为"老庙"，里面有一些精致的壁画以及密勒日巴佛像和度母佛像。

　　赫密斯寺是拉达克王国最重要的寺院这一重要性主要体现在两个方面：一方面归功于它的财富，赫密斯寺的主要财产是土地，拉达克国王把大批量的庄园土地赐予了该寺庙，因此它成为拉达克甚至是整个西喜马拉雅地区最富足的寺庙；另一方面归功于它的节庆氛围，由于外国游客每年夏天要到赫密斯寺参加节庆而使得其名声大振。事实上，对拉达克人民来说，如果不参加这一年一度的节庆是不完整的。它在每年藏历五月的吉日举行，也就是 6 月末 7 月初的时候，允许游人观赏。这项特殊的法事活动因古怪的服装而闻名，无以计数的香客来自于欧洲、美国和日本等国家，都是专程前来观看活动中独一无二的喇嘛舞蹈的。表演者先是穿着源自中国的锦缎和丝绸服装，成群进入院子准备各自的表演，接着戴着面

图 5-80　赫密斯寺建筑材料与构造

图 5-81　赫密斯寺山脚下的庄园式民居

具的人跳跃着进入场地，开始表演天使与恶魔的争斗，直到代表着天使战胜魔鬼的信号响起表演才会结束。这项法事专用于那些可以召唤超自然能力的奇人，他们据说可以破除有害思想、赶走鬼神，来保护佛教教义，驱逐降临在这片场地上的各种不幸，可以说所做的贡献是相当大的。通常每年的庆典会以代表正义力量的莲花生大师的胜利而告终，颇具意义。寺院中还包含世上最大的，每十二年展开一次的唐卡（画在布料上的画）。每十二年中的猴年都要展示出这幅唐卡，它被认为是世界上最大的唐卡，高度超过三层楼高，上面画着莲花生的八种主要形象，画的周围有珍珠绣边作为装饰（这些珍珠并非画上去的）。它最近一次公开展示是在 2004 年。

（2）雪依

雪依是伟大的文化遗产宝库，从 7 世纪岩石雕刻的犍陀罗风格的佛像，到 17 世纪雄伟庄严且风格独特的青铜镀金佛祖塑像，皆被保存于雪依建筑圈内。接近雪依宫殿的地方是大大小小 700 座左右的佛塔（图 5-82），它们中很多佛塔的年代可以追溯到 11 世纪伟大的西藏翻译者和神圣学者仁钦桑布所属的时期。这些逝去的年代像哨兵一样栖息在山丘上的阳光中，见证了雪依成为拉达克第一首都的历史。雪依宫殿，包括雪依寺一起，以及宫殿附近的土地隶属于竹巴派，位置处于列城南侧 15 公里的上游地区，是为了纪念大丹·南吉国王死去的父亲桑格·南吉而建立的，寺庙具体坐落在列城东面山丘上的列城—曼纳尔（Leh-Manall）路旁。

雪依地处中心宝地，是早期南吉王国的首都。这座皇家宫殿和神殿建造于 16 世纪，与拉达克多数寺庙一样，雪依寺采用建在山顶的堡垒形式（图 5-83~ 图 5-87）。拉达克区域内体积最大的镀金铜质佛像同时也是第二大佛像释迦牟尼佛像便存放在雪依寺的杜康大殿内，佛像高达三层。宝石、谷物等不同的贡品供奉在佛像内，十六罗汉被分别展现在佛像两侧的墙壁上，一侧为八罗汉，目犍连（Mandgalyana）和舍利弗（Sariputa）两大佛陀弟子的画像则被展现在后墙壁。在佛像周边的墙壁上绘制有形象各异的菩萨佛相，诸如释迦牟尼的信徒以及莲花生大师和宗喀巴大师的画像。另外一个空间较小且容易被忽视的殿堂内摆放着一尊阿弥陀佛像，它的对面是宗喀巴佛像，周围墙面上绘制着佛教人物的缩图。在《拉达克再发现》（Rediscovery of Ladakh）一书中提到：这座寺庙归于巴尔蒂（Balti）的妻子，她对宗教活动具有很大的兴趣。雪依宫殿位于印度河的一侧，由国王大丹·南吉（Deldan Namgyal）在 1650 年左右建造。

图 5-82　雪依的塔群

图 5-83　雪依寺位于山顶

图 5-84　俯瞰雪依塔群和山下村落

图 5-85　雪依皇宫

图 5-86　雪依寺大殿与大门

图 5-87　雪依寺的转经筒

　　这一建筑是由 1842 年殖民于多格拉族的皇家子孙居住的。建造在雪依宫殿的大量佛塔充分说明了多少年来皇族对宫殿建筑的极大兴趣，更值得人们注意的是在修建成列城宫殿之后，雪依仍是皇族有名的住所，以至于有继承权的皇室依旧出生在那里。这座宫殿有着拉达克最大的南吉胜利佛塔，佛塔的顶部是用纯金做的。三层的宫殿有一个 7.5 米的规模很大的端坐着的释迦牟尼像，材料是由镀金和镀银且镶嵌有宝石的青铜以及黄铜制品做成的，在拉达克地域内的其他任何地方都不会有这样的雕像了。这座佛像是大丹国王为纪念他父亲所修建的，人们对其很感兴趣。寺庙上部的墙面因为烟灰长期的熏染而变得灰暗，下部墙面则绘制有佛教人物不同姿态的壁画，另有香希纳特（Shambhunath）壁画在释迦牟尼佛像附近。距离雪依宫殿大约 400 米的地方有许多石雕围绕，和大殿内部相似，这里也有一座正襟端坐的释迦牟尼坐佛像，各种雕刻鲜明的佛像分布在场地内。此处通风较好，萦绕着神秘的气氛。

　　（3）切木瑞寺

　　切木瑞寺距离列城萨克提村庄的南部大约有 45 公里（图 5-88），关于寺庙的建造者和建造年代，在《拉达克再发现》（Rediscovery of Ladakh）一书中是这样解释的："尽管许多包括达拉克历史的书籍说它是喇嘛达仓热巴在桑格·南吉的资助下建成的，但学者伯戴克（Petech）却认为它是在桑格·南吉死后建成的。"所以说，切木瑞寺的修建年代至今无从考证，确切的时间点仍需进一步研究，但是可以确定的是该寺庙隶属于竹巴派（图 5-89、图 5-90）。其大殿杜康殿（图5-91）内绘制有达仓热巴佛像、释迦牟尼像及其两个信徒的佛像、东方不动佛以及曼陀罗图案的壁画等（图 5-92~ 图 5-97）。寺庙内其中一个殿堂内还有一些卡嘉帕（Ka-gya-pa）喇嘛像和其他佛像，一些西藏的文案和雕塑则被保存在另一个房间中。在寺庙的顶部，一座新的杜康殿已建造完成，其内部摆放着一尊额头上点缀着精致绿松石的仁波切佛像。

图 5-88　切木瑞寺

图 5-89　切木瑞寺入口大门

图 5-90　切木瑞寺内院

图 5-91 切木瑞寺杜康大殿   图 5-92 切木瑞寺杜康大殿入口门廊和彩画

图 5-93 切木瑞寺杜康大殿内部

图 5-94　切木瑞寺杜康大殿内部壁画 1

图 5-96　切木瑞寺杜康大殿内部佛像

图 5-95　切木瑞寺杜康大殿内部壁画 2　　图 5-97　切木瑞寺杜康大殿柱头彩画

3. 格鲁派寺庙

（1）利吉尔寺

利吉尔寺有长达900多年历史，是12世纪建造的寺庙，在拉千·嘉波（Lhachen Gyalpo）——拉达克第五位国王统治时期（1100—1125）建立，国王在1065年提供了建造寺庙的土地，起初在嘉波和肯达姆萨德（Kndampsade）二人的带领下，由喇嘛拉旺朝杰（Lhawang Chhosrje）主持建造，建造伊始它是和噶丹派形式联系的。后来这座寺庙在15世纪重建，作为一座格鲁派寺庙，照看着闻名于世的阿奇寺。由于经历了多个世纪的风雨侵蚀，寺庙最早期的建筑结构被一场大火严重毁坏，利吉尔寺在18世纪后开始重新修建，现存建筑只有200多年时间。寺庙另建有小规模的僧人学校以及博物馆，建筑一侧建有一座达25米高的弥勒佛露天神像。

利吉尔寺是拉达克最古老的寺庙之一，也是第一座喇嘛体系的寺院。利吉尔寺修建于距离列城50公里处印度河旁边的山谷上（图5-98），坐落在一个村落中心，现隶属于格鲁派佛教建筑，同赫密斯寺并称为拉达克地区最具影响力的寺庙。虽然最开始是噶丹派的基地，在15世纪却由格鲁派接管，主持是阿里·仁波切（Ngari Rinpoche）。为了纪念主持仁波切，寺庙举行一年一度的节日，时间是在藏历第十二个月的二十七至二十九号。

图 5-98　利吉尔寺

利吉尔寺享受着特殊的地位，寺庙主要的杜康殿（图 5-99）被保存得很好，且装饰着作为日常崇拜功能而摆放的两个佛塔，殿内放着燃灯佛（Mar-me-mdsad）佛、释迦牟尼、弥勒佛、威严的宗喀巴大师和他的两个弟子康裕（Kangyur）、唐裕（Tangyur）的雕像（图 5-100），除此之外，室内现代化的书架装有成批量的经文。另外一个最近新建的大殿伊尼斯康（Nyenes Khang）装着十一面的观世音菩萨，两侧墙上有一些代表慈善佛祖的壁画和新绘制的十六罗汉的壁画等各种神像（图 5-101）。靠近喇嘛领袖住所的上层是一个小佛堂，装饰着很多精彩的雕像。贡康大殿威严神圣，殿内有斯达巴（Se-ta-pa）的雕塑、寺庙的守护之神以及大威德金刚。

利吉尔寺在拉达克海拔较低的许多小村庄里建有大约 15 个寺院分支，在那里僧侣们给贫苦的人们提供帮助。在利吉尔寺的主要分支中，最有名的和最重要的是阿奇寺。利吉尔寺的学校于 1973 年建造。建校的最初目的是在拉达克寺院的带领下，向新信徒们提供配套设施和机会，以便他们在进入列城地区的佛教学院学习之前或者在色拉寺（Sera）、哲蚌寺（Drepung）、噶尔丹（Galdan）、塔什（Tashi）、格如德（Grud）以及印度南部等地区接受更高的教育之前接受最基础的教育。利吉尔寺因丰富多彩的文化和数世纪前流传下来的佛教文本和征集的文物而闻名。克什米尔和西藏艺术的典型代表就是其分支阿奇寺，而且阿奇寺今天仍因克什米尔艺术家有名的壁画和粉刷图画而闻名世界。利吉尔寺保留和维护了所有寺院的分支，而且在极大程度上促进了喜马拉雅和拉达克寺院文化精华部分的发展。

（2）巴郭寺

在拉达克的堡垒中，巴郭寺尽管看起来比较破旧，但却是最让人印象深刻的（图 5-102）。在拉达克王国被分割的那些年中，巴郭寺是统一了拉达克王朝并以"南吉"作为姓的那个分支的首席寺庙。据史料记载，由于该寺庙战无不胜，在 17 世纪下半叶承受了西藏蒙古军队三年的攻击。

巴郭寺建在山上，由三座大殿组成，山下是巴郭寺的村庄（图 5-103）。其大殿内部的阿弥陀佛像占有比较重要的地位，是这所寺院的主要佛像。据传斯内尔格罗夫（Snellgrove）已经把大殿中最大的一座名为向巴（Chamba）拉康的大殿献给了喇嘛泽旺·南吉（Tshewang Namgyal）。巴郭寺自从 16 世纪建成以来一直存在并未遭到破坏，内部的壁画保存得非常完整，因此它在年代和重要性上仅次于著名的阿奇寺，成为在拉达克阿奇寺之后壁画最美的寺庙（图 5-104~图 5-110）。

图 5-99　利吉尔寺杜康大殿　　　　　图 5-100　经堂内部实景

图 5-101　利吉尔寺的壁画

图 5-102　与山石融为一体的巴郭寺

图 5-103　巴郭村庄

该寺庙就像拉达克其他的一些寺庙一样，由一位来自赫密斯寺的僧侣照看，被当做噶举派（Kagyupa）的所有物。

在向巴拉康大殿内，拉达克寺庙内惯有的凶猛之神的绘制并没有表现出它们的统治地位。在入口处金刚萨士锤菩萨拿着金刚和钟而不是玛哈嘎拉，四尊地区国王的佛像被放在金刚萨士锤菩萨的每一边。与阿奇寺反映克什米尔佛教和印度佛教的风格不同，巴郭寺以及其附属的所有装饰皆展示着西藏各式各样的佛教风格。在摆放有弥勒佛大殿的左墙上绘制着一尊拿着木球沉思的佛像，它在阿底峡佛像的一侧，在阿底峡的另一侧是一尊几近毁坏的佛像。右墙上是金刚持佛像，其之后是莲花噶波（Padma Dkarpo）佛像和观世音菩萨像，这些佛像基本都用传统的方法重新粉饰过。这一大殿给人留下了深刻的印象，在过去的三个世纪中尚未受外界的影响，保持着自己独特的风格。

与前期的皇家建筑相邻的是另一个规模较大的大殿——塞臧（Serzang）殿（镀金和铜）。这座殿堂以康裕命名，康裕是西藏佛教砍农姓氏，名字由代表金色、银色以及铜色的字母组成。据传该大殿是由桑格·南吉（Singye Namgyal）出资修

图 5-104　巴郭寺大殿正面

图 5-105　绘有建筑的壁画

图 5-106　壁画彩绘

图 5-107 巴郭寺木构件

图 5-108 巴郭城堡

图 5-109　巴郭的石雕和玛尼堆

图 5-110　巴郭的塔群和塔内彩画

建维护的，其目的是为了行善。室内左手边放着大量写着砍农姓氏的书架，印有印度当地的评论及学者巨作的书也相应地放在大殿右手边的书架上。

　　此外，该寺庙内另设有一个小有名气的神龛，其内部摆放着一尊尺寸较小的弥勒佛像，它是由嫁给桑格·南吉的王妃格桑（Kalzang）捐赠的。如今，巴郭的弥勒佛大殿是世界文化遗产，被认为是由美国世界历史遗迹资金在 2000—2001 年列出的世界 100 个最需要保护的文化遗产场址之一，同时这一特殊场址也是公元

1445—1650年拉达克历史上最突出的遗迹之一。而隶属于巴郭的名为瑞伯坦斯·哈瑞斯·哈尔（Rabrtans Lharise Khar）的著名城堡现在已经完全只剩下废墟了，然而上文提到过的三座大殿的修建细节我们还是有章可循的。

笔者通过翻阅大量的史料以及当地僧人的口述整理出了这三座大小不同、重要性不等的大殿的赞助者，并归纳出其内部佛像的确切修建时间：

① 向巴拉康大殿：其内部弥勒佛黏土像是国王达格斯·邦德（Dkspa Bumlde，1450—1490）赞助的，墙上的彩绘是在喇嘛泽旺·南吉（Tsewang Namgyal，1580—1600）统治期间创作的。

② 塞臧大殿：殿内部的弥勒佛雕像可能是在国王杰央·南吉统治期间（1600—1615）开始修建的，但很可能是在1622年国王桑格·南吉统治时期才完成。许多重要的像《甘珠尔》和《丹珠尔》等用五种珍贵的颜色书写的宗教书籍都在这座寺庙中保存着。

③ 禅辰（Cham Chung）大殿：大殿是由巴尔蒂王子杰姚·卡顿（Gyal Khatun）主持建造的。国王杰央·南吉在初期建造了一个清真寺形状的寺庙，但是在他信仰了佛教以后，又把它换成了佛教寺庙的样式。目前这个遗址正面临着不可避免的自然损害，已经处在了倒塌的边缘。

值得一提的是，当今巴郭寺所属的福利协会是一个在美国纽约组织的由西藏经典文化翻译者协会领导下的一群致力于保护历史性遗迹的僧人们自发组成的社会性组织。赫密斯寺现在拥有主要的向巴庙宇的管理权，而塞臧大殿则是属于巴郭村庄的。

（3）斯皮托克寺

斯皮托克寺是由国王达格斯·邦德在14世纪晚期建造的（图5-111、图5-112）。寺庙的建设场地是由国王批准的，占用的是11世纪寺院的场地，并且宗喀巴还派遣了两位使者去寺庙修建了塞–帕格–梅得（Tse-pas-med）的雕像，这座雕像被放置在高10英尺多的寺庙集会大厅内部。寺庙代表了拉达克的第一个杰出的格鲁派机构，藏语名称的意思是"有效的榜样"。它大概离列城7公里远，靠近斯皮托克村子的航线附近。库硕科·跋库拉·仁波切（Kushok Bakula Rinpoche，十六罗汉其中之一）是该寺庙的领导者，其麾下所领导的僧人有120名之多。1834年，拉达克被查摩土王占领，斯皮托克寺被他改作皇室家族府邸。寺庙每年一度的节日叫做斯皮托克"Gu-stor"，在藏历第十一个月的二十六至二十八日举行。

图 5-111　斯皮托克寺正立面

图 5-112　斯皮托克寺背面

　　和藏式寺庙不同，斯皮托克寺本土化特征比较明显，其建筑层数皆系多层，木质阳台。鉴于建造寺庙的山上起伏跌宕的岩石，寺庙和僧院需要在不同的高度和不同地势建造（图5-113~图5-115）。在入口门厅的位置陈列着面目凶狠的神像，寺庙的主要殿堂杜康殿为普通的喇嘛们提供了相对低的座位，但为神圣尊贵的达赖喇嘛提供了较高的宝座，比如说在大殿上端，有为达赖喇嘛和跋库拉·仁波切设置的座位。此外，这座大殿还摆放着释迦牟尼的雕像、宗喀巴和他的两个弟子的雕像、大威德金刚（Yamantaka）、阿底峡大师以及十一面的观世音菩萨像。另有《甘珠尔》（康裕）和《丹珠尔》（唐裕）的佛教经文评论书籍放在大厅左边木质的书架上，墙上绘有保护神的绘画（图5-116）。在建筑群规模较小一些的庙宇中另保存有多座佛塔和雕像，譬如：其中一个保存着三尊有名望的坦陀罗神像，分别叫做桑瓦拉（Samvara）、维吉拉（Vajra-Bhairava）和密集金刚（Guhyasamaja），一座佛塔和一尊阿底峡的雕像在附近；另外一个房间放着一尊宗喀巴的雕像和他的全部作品；还有一个房间摆放着女神度母化身的雕像，显示

图5-113　寺庙和僧院在不同高度

图5-114　内院

图5-115　柱头彩画

出精湛丰富的雕刻技艺。另外一个殿堂抽康（Chow Khang）大殿中央放着1960年从西藏带来的绸（Chow）的雕像，在他右边有一尊莲花生大师的雕像，左边有一座镀银的畅杵波（Chang-Chub）佛塔。抽康殿的右边是多玛（Dolma）拉康，这个拉康殿放着21个镀金铜度母，仔细观察这些图案，我们发现每一个度母都拿着长茎叶的荷花，且长着7只眼睛（俗称智慧之眼）。这些雕像也是现任的转世喇嘛从西藏带过来的。多玛雕像则在所有寺庙（不管什么教派）都供奉崇拜着，

图 5-116　斯皮托克寺入口门廊处的壁画

僧人和俗人们每天都要背诵赞美多玛的圣诗。抽康大殿下层的启康大殿内部有很多珍贵的雕像和寺庙的保护神（Cham Spring），诸如佛祖和他的两个弟子以及大威德金刚（Yamantaka）的雕像，同时墙面上亦有保护神的壁画像。

（4）蒂克塞寺

蒂克塞寺在列城东部20公里处，是拉达克年代最久的寺庙之一，也是拉达克中部地区最大的寺庙，地处海拔3 600米，是藏传佛教寺庙。蒂克塞寺是拉达克寺庙中结构最特殊的，奇特而复杂，让人印象深刻，建筑外形层叠起伏，依山而建，十分壮观，占据了印度河右岸整个一座山（图5–117、图5–118）。为了保持初期的一贯形式，该寺采用把僧房作为中心的形制模式，顶层是作为喇嘛领袖和僧人们的居所。建筑环绕内庭院建造，平面构成与拉萨大昭寺相类似，接近于早期的建筑样式（图5–119、图5–120）。蒂克塞寺的主殿杜康大殿建造地点位于山顶城堡的制高点，象征着拉达克的神权，室内书架上放满了经文，但是从它的壁画和雕像来看，杜康殿的维护工作并没有得到足够的重视，保存得很不完整（图5–121）。附近的一间圣房放着一尊大的释迦牟尼雕像和十一面的观世音菩萨雕像。贡康大殿室内昏暗，摆放着一些神像（有女神的雕像），由于有些模糊，所以笔者分辨不出其真实原貌，在室内顶部偏右处是一尊小弥勒佛像。寺庙顶层附加的通向喇嘛领袖住所的露台被保存得很好，并且装饰着84个坦陀罗大师的画像和十六罗汉像等。人们可以从露台上俯瞰印度河谷迷人的风景。

蒂克塞寺是由仁钦桑布的侄子——帕尔丹·沙拉博（Paldan Sherab）在15世纪佛教"第二次传播"期间在拉达克建造的，从属于格鲁派。1981年，庭院右边建造了一个高达15米的弥勒佛塑像，在杜康殿的后面还有一个据说可以追溯到15世纪的佛像。寺庙以庆祝藏历新年的仪式而闻名，每年一度的节日庆典是在藏历十二月十七和十八号举行。当仪式开始时，寺庙中的僧人皆拿着白色靴子排成队伍出列，人们戴着面具跳舞的模式和斯皮托克寺相类似。

（5）日宗寺

据传，有父子二人从西藏来到拉达克并于1872年（也有人认为是1840年）修建了日宗寺，起初建寺二人皆不属于受戒僧人，随后开始信教并被后人尊为转世喇嘛。日宗寺是拉达克同时也是西喜马拉雅地区历史最短、建寺最晚的著名的格鲁派新兴寺庙。

日宗寺距离列城73公里，位置处于由干线道路顺着山脉的一侧行走大约6

图 5-117　蒂克塞寺建筑正立面远景

图 5-118　蒂克塞寺侧立面建筑实景

图 5-119　蒂克塞寺庭院

图 5-120　蒂克塞寺木结构

图 5-121　蒂克塞寺壁画

公里远处，孤立的地理位置使得它是一个冥想和修行的理想之处，附属于它的寺庙大概离它有 1 000 米远。该寺庙坐北朝南，修建在一座山坡上，山形呈自然的海螺形态（图 5-122），日宗建寺目的是为了僧侣们修行，以戒律严苛而享有名誉。

　　日宗寺的建筑构成依旧沿袭以往布局，分为贡康、经堂、丹珠拉康和吉春等，此外寺庙有着集体厨房（虽然它的食物只提供给它的几个不同部门的 30 位喇嘛）。该寺庙建筑最大的优势有以下几点：建筑有特殊、优良的木构系统；梁枋柱头保护得很好且做工精致，是我们研究拉达克地区建筑构造极好的范例（图 5-123、图 5-124）。寺庙的杜康殿摆放有释迦牟尼佛像、弥勒佛像、宗喀巴以及他的两名弟子的佛像和观世音菩萨像等雕塑。寺院里另外一个相对小一点的庙宇装着一座大佛塔，佛塔两边是弥勒和阿底峡雕像。寺庙内部壁画形象突出（图 5-125），圣房里装饰现代，存放着一些精致的唐卡，尽管如此，寺庙仍然由于年代较新，所以美学或者古文物资源很是稀缺。

至今为止，日宗寺依旧沿袭着探寻建造寺院的父子二人转世僧人的风俗习惯，寺庙中居住的僧人受着比其他拉达克寺庙更为严格的依附于律藏规则的教规的约束，另有周边区域对于寺庙僧人的施善之举颇为感动，使得日宗寺深得民心。因此，拉达克地区黄教教派的贵族信徒纷纷派送自家的儿子前往日宗寺读书，同时他们认为在周边的格鲁派寺庙中唯有日宗寺的教义传承、知识技能的训练等最为系统化、规范化。日宗寺庙的黄色建筑代表学校，这里的学校规模在拉达克列城的所有佛教建筑中堪称最大，享有很高的知名度（图 5-126、图 5-127）。

现世日宗仁波切是第 102 任的甘丹赤巴仁波切，作为拉达克王子的转世，甘

图 5-122　日宗寺全景

图 5-123　日宗寺门廊 1

图 5-124　日宗寺门廊 2

图 5-125 日宗寺壁画彩绘

图 5-126 日宗寺殿堂内的佛塔

图 5-127 日宗寺的学校

丹赤巴出生后，便被十三世土登嘉措法王赐予法名——洛桑土登尼玛，并被当做仁波切的转世。日宗寺大殿中每一代仁波切法座上都奉有一张前世仁波切的照片。

（6）贝土寺

贝土寺是拉达克第一座格鲁派寺庙，建于14世纪，见证了拉达克格鲁派最主导、最富改革性的寺院秩序的到来，格鲁派也被称为黄教，是由宗喀巴（1357—1419）创建的。他派去拉达克的使者受到达格斯·邦德国王的欢迎，在国王的赞助下，喇嘛拉旺·路德（Lhawang Lodoe）建立了这座寺院。格鲁派同竹巴派的不同在于其对于僧侣规则的严格监控。史料中认为，此寺院的建立完全是一个奇迹。

4. 宁玛派寺庙

塔克托克寺

塔克托克寺是西藏寺院中最古老的宁玛派在拉达克的唯一代表建筑。该寺距离切木瑞寺有些距离，是在泽旺·南吉（Tsewang Namgyal）喇嘛的统治下建成的。寺庙中心是一个6米宽的方形洞窟（图5-128、图5-129），它本应该是莲花生大师在8世纪去西藏旅途中思考的庙宇。

寺庙坐落在岩石山坳中，莲花生大师洞窟的周围。这座寺院得名于它的屋顶，屋顶是天然的山石而并非人造的。房间内部比较黑暗，天花板很低，墙面已被持续燃烧的烛灯的烟灰熏黑（图5-130）。莲花生大师像和观世音菩萨佛像都在主体殿堂杜康大殿中（图5-131、图5-132），室内的墙上挂着四大圣灵佛像，外部走廊上则绘有寺庙领袖的画像（图5-133）。康裕拉康存放着释迦牟尼和他的两位大弟子的雕像，其右边是佛像塞-帕格-梅得，左边是愤怒尊赫如卡（Heruka）。图-卜克（Tu-phuk）大殿放着大师藏一杰（Tsang Gyet，莲花生大师的八种化身形式）的佛像、大师塔克波·沙尔（Takpo Tsahl）和十一面的观世音菩萨像。一侧的乌戈炎·颇唐（Urgyan Photang）大殿内摆放着图尔-卡-南无-桑（Tul-khar-nam-sum）像、大师里格京·东拖（Rigjin Dongtuo）雕像、大师塔克波·沙尔的雕像以及观世音菩萨像。

新寺庙从地面一层开始建造，建筑一层的中央放着大师南史·里·兹隆（Nang Srith Zilon）雕像，雕像的右边是大师多杰·多洛（Dorje Dolo），左边是大师莲花噶波的雕像，另外，还有专门给圣洁达赖喇嘛和达隆（Taklung）活佛（该寺庙化身的喇嘛）用的座位。寺庙每年举行两个庆典，泽曲（Tak Thog Tsechu）庆典

图 5-128　塔克托克寺

图 5-129　塔克托克寺内庭院

图 5-130　塔克托克寺莲花生大师洞窟

图 5-131　塔克托克寺大殿内景

图 5-132　塔克托克寺木构件

图 5-133　塔克托克寺壁画

在每年藏历六月的九号到十一号举行，另外一个节日（Vij Tak Thog Wangchog）则每年在藏历九月二十六到二十九号举行。

5. 萨迦派寺庙

玛卓寺

玛卓寺是拉达克萨迦派唯一一座寺院，于14世纪晚期建立的萨迦派在拉达克迅速散播。15世纪早期（1430），一位名叫庄巴·多杰（Drungpa Dorje）的西藏萨迦寺学者为了当地社区人民的福利在拉达克国王达格斯·邦德的资助下建立了这座寺庙。这块土地的使用权是拉达克国王批准的，他非常认可庄巴多杰学者的静修能力和圣洁的品格，所以捐赠给他一大片土地用来建造寺庙。16世纪晚期，入境侵略的穆斯林几乎将寺院全部毁坏并且囚禁了国王。后来，国王被释放了，另外一位萨迦寺喇嘛却杰·洛多（Chockyi Lodo）接管了寺庙并且对寺庙进行了翻修，恢复并保存了寺院的传统活动。目前，玛卓寺所有的僧人都要去西藏的萨迦寺和恩格（Ngor）学习佛教经文和传统，然后再回到拉达克实践他们所学到的东西。通过这种方式，现今寺庙的礼制和祈祷仍保留着与西藏古老传统不可分割的联系。

玛卓寺建在一座小山头上，位于赫密斯寺西北侧的另一座山上（图5-134、图5-135）。寺庙的僧人约有30名。进入玛卓寺的一个古老大殿内（图5-136），里面的壁画（图5-137）大部分仍保持原状，大殿周圈建筑基本翻新，东侧是二层回廊。向上走，有一个图书馆，收藏了一些中文的图书，在拉达克是比较罕见的。现如今，这座寺院（图5-138、图5-139）包括了一座老的庙宇和新的庙宇，以及一座特别的圣房，圣房内摆放着大量佛教圣经和被尊奉着的世系喇嘛雕像，此外，寺院内另有两间放着佛法保护神的圣房。在寺院附近还发现了修建者多杰·帕桑（Dorje Palsang）到达玛卓之后初次居住的洞穴。

玛卓寺是为数不多僧侣数量不下降的寺院，它因为其年度节日而著名。在藏历二月和三月的一年一度的节日庆典里要为佛法的保护神奉上贡品，节日之时选定的僧侣成为神谕的传递者，他们进入精神恍惚的状态，像是变成了神谕的保护神荣森卡玛（Rongtsen Kar Mar）。在一周的时间内，神谕者在无我的状态中预言着类似来年的谷物收获状况之类的事情，使得人们对神谕者产生信念。

图 5-134　玛卓寺外观

图 5-135　玛卓寺内庭院

图 5-136　玛卓寺大殿内景

图 5-137　玛卓寺壁画

图 5-138　玛卓寺的大门

图 5-139　玛卓寺柱头彩绘雕刻

第六章　拉达克佛教建筑的艺术特点

第一节　建筑装饰艺术的风格

喜马拉雅学者罗纳德·博涅（Ronald M.Bernier）认为，由于锡金、不丹和大吉岭以及尼泊尔的索洛昆布地区都属于藏传佛教文化圈，这里的藏传佛教建筑类型和艺术特征根本无需讨论[1]。而拉达克的建筑样式和建筑风格则不同，深受南亚和中亚的影响。古往今来，很多学者对拉达克建筑中各种元素符号表现出了强烈的兴趣，其中以著名藏学家斯涅格罗福和图齐为代表，他们多次前往拉达克研究当地寺庙，从最初的笼统探究到后期的详细调研，积累了实用的素材。图齐通过对阿奇寺壁画的研究和对拉达克其他寺院的考量，总结出拉达克佛教建筑及装饰艺术形式分为五种，分别是：中亚形式、印度形式、西藏形式、克什米尔形式、中国汉地形式。除此之外，曼陀罗风格和地中海风格也出现在拉达克寺庙的门窗上[2]。在诸多寺庙中，阿奇寺极富特色、丰富多彩的元素如大量的壁画等已成为拉达克地区建筑及装饰艺术的宝贵财富和有价值的素材。

有日本学者对拉达克区域尤其是列城周围的寺院（20多座）展开了测量，它们分别隶属于宁玛派、萨迦派、噶举派和格鲁派。这些建筑都存在共性：经堂是供僧人集会的场所，是寺庙里占据主体地位的建筑；以经堂为中心，前方是门厅，内部绘有观音菩萨、文殊、六道轮回图及四大天王图；经堂内部四周墙壁上绘有毗沙门天、度母、释迦牟尼及十一面观音，柱子成列排布在经堂内；后方为佛堂，呈横向长方形布置，内部供放弥勒、释迦牟尼、文殊等佛像。

可以说拉达克的建筑装饰艺术没有统一的风格，确切来说差异较大，以阿奇寺的装饰色彩艺术最为特殊，它是喜马拉雅地区寺庙建筑艺术装饰的典型代表。学术界对阿奇寺的壁画颇有兴趣，并已将其列为拉达克装饰艺术的范例，但是拉达克存有多重壁画艺术类型的原因至今无从考究。

阿奇寺特立独行的艺术样式对后期西藏寺庙的壁画装饰未产生过多影响。在古格和塔波，寺庙的装饰艺术也完全不受波及。其壁画集波斯风格、中亚风格、阿富汗风格、尼泊尔风格、克什米尔风格于一体，被抹上了一层浓重的国际化色彩，

---

1 Ronald M Bernier.Himalayan Architecture [M].Teaneck:Fairleigh Dickson University Press, 2002.

2 霍巍，李永宪.西藏西部佛教艺术 [M].成都：四川人民出版社,2000.

可见丝绸之路对拉达克地区的建筑艺术文化的影响甚为巨大。例如：波斯风格的骑马射箭图；阿富汗以及中亚风格的绘制在墙面上的红色、黑色、蓝色等浓重强烈的色彩组合；尼泊尔风格的暗红色神像（这些暗红色神像都被画在黑色的背景上面）；克什米尔风格的绿度母。又如：刺绣、蜡染、扎染等这些印度特色纺织品修饰工艺被阿奇寺殿堂中的彩绘天花所模仿；成双成对交替杂糅的动物图案则显示出萨珊银器的特点。

第二节　佛像壁画研究

我们可以将拉达克的这些艺术品的年代简单地分成四个阶段。最早的一个阶段大致从 8 世纪到 10 世纪，代表作品为木碧向巴（Mulbek Chamba）、德拉斯（Drass）和萨尼（Sani）的石刻，这些石刻采用了犍陀罗（Ghandhara）风格，清晰地描绘了藏传佛教成为主流之前印度佛教对拉达克的影响。第二阶段的标志性事件是仁钦桑布对佛教的传播掀起的后弘盛世，他改变了克什米尔和印度艺术家的艺术风格，代表作品在阿奇寺和芒域。第三阶段出现在 14 世纪末 15 世纪初，一直持续到 20 世纪。这一阶段的艺术风格来自于西藏，常见于大部分的寺庙。第四阶段和近代相关，其艺术风格取决于艺术家的水平，但是这一阶段的风格更主要的是先前阶段风格的延续。

拉达克寺庙的佛像画有象征性的、代表性的抑或是主观性的含义，并按照严格的艺术标准绘制。西藏的很多宗教文学都描述了神性在禅定中的重要作用以及神性指引下客观事物的重要作用。仔细观察这些佛像画，笔者将它们分成三类，分别是教育类、历史类和象征类。通常情况下，教育类的画作描绘生命的轮回、寺庙的戒律和内心世界的发展历程；历史类画作描绘佛祖或

图 6-1　护法神像

是高僧的生活；象征类画作则最为常见，也往往是寺院壁画中最主要的内容，它们通常描绘了佛像和净土。但是，很多具有象征意义的佛像和画作都难以理解，或是怪诞或是惊悚，甚至很多超出了我们的理解范围，但是总体上都代表了佛祖的形象（图6-1）。

至于其中反映的意义，大致为以下内容："九张脸代表九个主题，两个角代表两个真相，十六条手臂是十六种空性，神的身体、语言和思想是启迪智慧的因素等。"此外，每一种工具和每一处装饰都象征着不同的品质，比如：匕首象征着洞悉主观和客观的概念，刀象征着轮回，金刚代表着五大智慧的获得，布匹揭示了空性，火焰揭示了万物都有如它们本性的光明，等等。

第三节　神龛

尽管从严格意义上来说神龛并不能算寺院的一部分，但是笔者要特别提到它们，因为它们在寺院的附近，受到印度佛塔舍利的启发，神龛已然成为狂热崇拜的象征。在最近的考古挖掘中，一个木质柱形物在舍利塔的中间被发现，这也意味着它不仅仅是保存遗迹的地方，也同样是生命之源的象征。随着时代的发展，拉达克的佛塔经历了小型化改变，神龛的外观也继而发生了变化。由原先的半球形转变为一簇伞形物，一个接一个放置十三层。共有八种类型的神龛，它们与佛祖生活中的同"八"相关的事物：八个基本点、印度最初的八座舍利塔以及它们的八种外观表现有着紧密的联系。

神龛的大小不同，材质也各异，包括石头、泥土、砖块抑或是石膏、木材、白银、黄金、黄铜等。神龛往往出现在邻近居住区的地方。它钟形的部分用来保留那些毕生为人们提供精神支撑的德高望重的高僧的骨灰和遗物。比如在拉达克，南吉（Namgyal）神龛祈求南吉女神的护佑；斯库杜格（Sku-dug）神龛祈求佛祖保佑；而被视为最重要的，也是代表着佛祖心中珍宝的林塞尔（Ring-sel）神龛是为了祈求僧伽的和平而修筑的。神龛常常按照复杂的方式排列以此来避开邪恶的威胁。替色如（Tisseru）是列城郊区最古老的神龛之一，它环绕着骡子形状的石头而建，神龛面向山峰而建，来躲避恶劣的天气状况。

第四节　佛塔

　　前文对于阿奇寺塔门已有详细的描述，在此重新对拉达克的佛塔做出阐释。其实准确地说，佛塔是独立的个体，形式各不相同，而寺庙本身并不包含佛塔。不论在早期还是晚期的佛教寺庙建筑群中，佛塔都是普遍且大量存在的。修建佛塔早在阿底峡那个时代就已经是一种广聚德行的做法，并且被教徒们广泛接受。根据史料记载，佛塔的建造起源于印度"窣堵坡"，而据传在佛教传入前"窣堵坡"的构建已相当完美了。

　　拉达克佛塔是藏传佛教的具有本体的鲜明建筑形式，具有研究价值，它的产生发展与西藏紧密联系在一起，有着复杂的历史背景与宗教内涵。源起一定宗教理念的拉达克佛塔依附于拉达克这片高原故土，包含有多方面内容，如宗教考古历史文化建筑艺术等，有象征意义，是信奉者的瞻仰礼佛的对象。

　　拉达克地区佛塔数量非常多，形制结构相对简单（图 6-2），与阿里地区极

图 6-2　佛塔

图 6-3　塔基雕饰

为相似，多为坛城形制，并以早期佛塔形制为主，且有细致的雕饰（图 6-3）。笔者拉达克一行途中调研了多处佛塔，下文以雪依寺、喇嘛玉如寺、巴郭寺、斯托克宫殿等处的佛塔为例进行分析。

　　拉达克寺庙的入口处多有一个树立在入口台阶上的塔门，行人可以从下方通过。塔的下半部分供人过往的门用砖砌成，外涂抹白灰，门顶部铺满木条。菩提形制的石塔就立在这个台座上，白色涂料覆盖在表皮，塔座、塔身、塔刹保存完好，十三天为砖红色，比较修长（图 6-4）。在这些寺庙山脚下的村庄周围，有塔群围绕，小有规模。佛塔皆外抹白灰，分有独塔、排塔、塔门等种类，值得一提的是，部分塔门内有壁画，但是由于年代久远且未得到足够保护，所以大部分壁画已经损坏脱落。

　　雪依塔群坐落在平地上，规模较大，周围群山环绕，据传大大小小共 700 座塔，年代之久远，可以追溯到 11 世纪左右。佛塔形制各异大小不同，从高度不足 1 米的小型佛塔到 3 米多高的塔比比皆是，白色外表皮使整个塔群外观得以统一，并且均用石土材料砌筑。相较于形式成熟的藏式设计佛塔，雪依塔群较为简单，

图 6-5　塔群

图 6-4　塔门

图 6-6　佛塔三两组群

但是整体规模却分外大气，平面布局并无规则可言，大大小小的佛塔分散在各处，内有排塔几处，一处是由几十个类型相似、高度不到 1 米的小塔组成（图 6-5），鉴于年代久远，现在大部分已经剥落。其形制模糊，塔身向上逐渐收缩，基座尚存，其余部分分辨不清，内部石块亦暴露在表面；另一处排塔有 4 大 4 小 8 座佛塔。此外，雪依塔群内还存在一些组群是以中心一个大塔为核心，周围环绕着体积较小的佛塔；两三个大小不一的佛塔成一组的形式在此也有出现（图 6-6）。除去组合形式，独塔也大量散落在此。具体到每座佛塔，形制纷繁错杂，但都是坛城式佛塔，菩提塔居多，亦有少部分神降塔。这些塔多呈覆钵式塔身，塔刹部分非常简单，部分仅为一方形土台，甚至可以忽略。总体来说与阿里的佛塔如出一辙，结构材质非常吻合，推断出年代也较为接近。

第五节　玛尼堆

　　将神龛连接起来并且能够向远处延伸的叫做玛尼堆。13 世纪后，摩崖石刻的习俗日益衰退，玛尼石刻却在不断发展延续，日渐成为高原土地上往来最广、手法材质内容等较多元化的民间艺术雕刻。

作为"路标""地标"等指示性标志，玛尼堆通常修建于转经道附近、山口和路口处、道路的拐角处。在拉达克高原地区，地广人稀，它被用于指引道路方向，引导人们前行。拉达克地域宽广，修建的道路系统不是很完善，步行是主要的旅行方式。因此，随着一堆堆石块出现在路网模糊之地，逐渐就形成了石堆或者石墙。这便是玛尼堆的前身，石块长年聚集，指引四面八方的前行者。

玛尼堆的名字来源于六字真言"嗡嘛尼叭咪吽"，其每一块石头都镌刻着六字真言。除此之外，石头上还刻有藏文和"卐"符号，另刻有诸如金刚、护法等的佛像和狮、蛙、龙、鱼、象、花草、鸟、佛塔图纹。细心的工匠在雕刻中注入了大量的百姓生活素材，装饰分外精致。因为石头上刻有玛尼而著称，玛尼石聚集在一起形成玛尼堆，玛尼堆除了实用目的之外也成为拉达克佛教的象征。玛尼堆上面的每一块石头都是善男信女因感恩而提供的，人们用石墙上亘古不变、永存于世的图案来形容坚定不移的心。玛尼堆从一个小正方形建筑或者圆形的大型建筑开始，最终成为一个约4米宽的墙。信徒们辛勤劳动，在石头上刻下各类佛像图腾，色彩将普通的石头幻化成为玛尼石，拉达克人相信持续地将六字真言刻满石墙，好运就会降临，他们赋予石墙无限能量，超越自然。红教认为玛尼墙应该竖立在左侧，而黄教则坚持在右侧。结果就是：墙往往竖立在路的中间。在尼莫（Nimmo）、斯托克、赫密斯和列城，这些地方的寺院向游客提供参观一些古老的玛尼堆的机会。对于佛教徒来说，玛尼堆更像是一串项链，上面的每一块石头就像一颗珍珠，表达了感恩的愉悦。

拉达克地区的玛尼堆有浓重的西亚和南亚风格，附近的阿里、普让、扎达区的玛尼堆拥有着悠久历史和文化积淀。此处的很多石刻菩萨形象皆遗存着印度玛拉王朝的艺术样式，蜂腰长身，婀娜多姿，极具韵律美感。在拉达克这片偏远的土地上留存下来的玛尼堆石刻历经风雨，保存至今实属不易，非常珍贵。

在拉达克的江畔湖边、路口山间会发现一座座玛尼堆（垒起的石头），有"神堆"之意。玛尼堆上放着上文提到过的刻着玛尼经文譬如苯教的"六字密咒"和"六字真言"的石块以及一些牦牛、羚羊和羽箭的带角头颅骨。由形状各异大小不同的石块堆叠起来的圆锥形或者方形的玛尼堆上立着木头或者树枝，绳子连接着树枝和附近的山崖或树木，绳子及树杈上满坠色彩缤纷的彩线、哈达和风马经幡等预示好运的祈祥物品。节日期间，人们向玛尼堆添加碎石，并用额头触碰祈祷默念。长此以往，玛尼堆便越垒越高。每一块碎石都代表着信徒心里的祈福，玛尼石不仅是出于崇拜和信仰，同时也是人们热爱生活的表现。

　　从雕刻艺术上来说，早期玛尼石的刻画线条粗犷简洁，注重整体；晚期雕饰流畅，线条细腻，注重细部。民间艺匠把玛尼石刻艺术多变灵活的特点表现得淋漓尽致，随意的线条，自然的外形，不被条条框框拘束。但是雕刻的神像的外观特征诸如其站姿、坐姿、头饰、手中的道具等要遵循一定原则。从玛尼堆中，可以体会到寺庙殿堂艺术中缺少的具有个性、质朴纯净的风俗民情。

第七章　拉达克城市与建筑的价值

第一节　拉达克现状

1. 拉达克自然现状

　　朴素、自然，还没有被外界破坏的拉达克民族能击败所有与他们不相容的环境，并且被赋予了保持自身健全特性的能力。一排喇嘛玉如寺建筑似乎象征着忍耐的精神；绿色洁净的河流畅通无阻地穿过狭窄的山谷；暗褐色的高原带给人们壮阔雄伟的感觉似乎可以击退冰天雪地的寒冷，给阳光照不到的沟壑画上了一抹纯净（图 7-1）。这些景致对于把拉达克当做家园的人来说就是天堂。在沙漠和绿洲交替的自然环境中，水是生命之源，是拉达克发展的根本需要。拉达克现今仍保持着本土自然的气息，有翠绿的山谷，奔腾的溪水，佛前的农民，云游的诗人（图 7-2）。

2. 拉达克独特的战略位置

　　拉达克由于战略位置难以接近，而总是超乎人们的想象。它的战略重要性因后勤保障，基础设施的建立和工业发展的推进而受益匪浅。城市化正在进行，从前的穿越中部高原的交易路线已经转变成横穿喀喇昆仑山脉、拉达克山脉、赞斯卡（人迹罕至，是喇嘛汇集的地方）等区域，但农民和商人仍使用从前的百年线路进行贸易往来。拉达克在 1974 年向各国游人开放，吸引人们的不再是旧的交易体系和货物，诸如珍贵的克什米尔羊毛或大米、盐、茶等，而是与拉达克展现出的一个兼容并蓄、日渐多样化的世界——宗教、历史、文化、政治活动等迷人地结合起来。尽管拉达克现在是查谟和克什米尔的一部分，但它仍然保持着独特

图 7-1　褐色的高原　优美的村庄 1　　　　图 7-2　褐色的高原　优美的村庄 2

的个性。这就是使拉达克不同于曾被认同但现今日益被同化的西藏地域，反而变得独一无二的原因。

3.拉达克现存的危机矛盾

如今拉达克再次处于十字路口。一方面，面临着藏族经院佛学断裂、叶尔羌足迹的关闭和旧丝绸路线消失的危机；另一方面，拥有了再次与老对手——自然、历史和现实挑战的现代化精神。拉达克正在受制于难以想象的压力，外界影响日渐加深，历史有意地计划篡改它。短期内拉达克仍没有意识到外界带来的冲击，但是路网的贸然扩展、日渐增加的交通工具排放出来的污染物、日趋变化的生活方式等对拉达克的影响是显而易见的。最近才加入到查谟和克什米尔的拉克达认识到外来符号已连接到一起，这一点不能凭主观意识否认；此外，人们节约和保护特殊历史文化寺庙建筑的愿望，即便已经成为主流的一部分，也必须采取技术。

第二节　拉达克建筑的地域性特色

无论从地理环境、宗教信仰还是建筑艺术风格来说，拉达克与西藏都有着千丝万缕的紧密联系。所谓的拉达克建筑的多元统一性，其中最重要的"一元"必然来自西藏西部地区，即阿里所处的地域范围。笔者认为，拉达克建筑的多元性和统一性是相辅相成、紧密联系的，而这也恰恰就是其独特的地域性。地处西喜马拉雅佛教文化圈内，紧邻西藏尤其是阿里地区，拉达克建筑在选址布局、建筑类型、装饰技术上受到西藏、中亚、克什米尔及印度的多重影响，尤其受到西藏阿里地区的影响。可是，对拉达克建筑地域特色的探究是把其地域作为宏观研究对象，主体并非在"多元"，而是重在整体构架，即"多元统一"。

1.在文化上与西藏的对接

拉达克所处的西喜马拉雅山区的外在地理自然状况为拉达克文化的形成提供了前提条件以及基础动因。追溯历史，同处一个山区的拉达克各民族群体在文化上都具有统一性和共同点。历经大约半个世纪的时间，考古学家充分证实了在诸多文化事项下，拉达克文化是一个个性突出、有别于其他民族文化的闪耀于西喜马拉雅山脉的伟大个体，依附于临界地域又同时焕发着自身的光芒。然而总体来说还是趋同于西藏阿里地区的宗教文化。尽管印度的婆罗门教及西藏的苯教在此都曾盛极一时，但是佛教最终在这块土地上立足，在政治和民族上统一了拉达克王国。

如前文所述，拉达克山地以操印度—伊朗语族的雅利安人以及藏人为主，同时又由不同的部落——蒙斯部落、达尔德部落和西藏部落构成，各种民族以及群体拥有自己的宗教观、风俗观，其中大多数信奉藏传佛教。拉达克是一个大熔炉，一个中部西藏佛教、伊斯兰教、锡克教和多格拉族、克什米尔族人文化的结合。如今，人们对拉达克给予的认同度日渐增加。可以说，正是由于拉达克文化具有这些特有的性质，才具备了丰富的研究价值。

2. 在建筑艺术上与西藏的联系

在建筑样式和建筑风格上，藏式建筑风格对拉达克地区的影响颇为深远。经过对拉达克地区建筑的探究，各种建筑元素分别杂糅在拉达克建筑中，但是主体样式仍旧趋同于西藏阿里地区。前文也提到并归纳出了这些建筑形式，它们分别是西藏、中亚、印度、克什米尔以及曼陀罗风格等。与西藏相同，拉达克的寺庙类别也分别隶属于宁玛派、萨迦派、噶举派和格鲁派等派别，各个派别的寺庙皆有共同特点，即佛堂供奉着重要的佛像；门厅起到过渡作用并且内绘制各种图案；经堂在寺庙中的主体地位不变。寺庙墙体建筑材料不同于西藏的石体建材而采用土坯砖居多。

同样的，在建筑艺术上，拉达克地区也在西藏装饰艺术特点的覆盖范围内，多数壁画样式诸如弥勒佛像、释迦牟尼像、观世音菩萨像、度母像等等皆与阿里寺庙内的装饰样式相似。但是，某种程度上来说，其壁画样式又是纷繁多变的，其壁画集波斯风格、中亚风格、尼泊尔风格、克什米尔风格于一体，深受丝绸之路的影响，风格迥异，装饰色彩不尽相同，国际化色彩浓重。这些多元化的艺术瑰宝融合于拉达克地区的建筑，并且得到了很好的结合。总体来说，拉达克建筑样式体现了有重点的混合地域性特征，与西藏以及各地区建筑和艺术文化极好的结合使得拉达克的本土特征形式看似毫不突出，实则博大宽泛，强烈的包容性恰好成就了它的地域性特色。

第三节　拉达克佛教建筑的价值认知

1. 从民族文化出发

拉达克佛教建筑是一定时期里历史变迁、文化内涵和民族底蕴的印记。部分寺庙的门廊经堂早已残旧不堪（图 7-3），但是毕竟刻下了拉达克王国多年来的文化历史发展。寺庙的空间结构为重新复原抑或是探究一定历史时期中的族群社会生活样式（图 7-4）提供了别种形态无法代替的研究价值。拉达克佛教建筑长期以来在其地域的发展传播有其鲜明独特的地域特点，作为政教合一的宗堡建筑，寺庙是本土文化信仰、经济教育等形成的主要源头，渗透植入于拉达克民族人民的审美价值、道德情趣、行走和思考的方式结构里，形成一种该地区特有的地域文化。

2. 从文化的认同度和民族心理层面出发

作为地域文化的代表、民族文化流通的例证，拉达克佛教建筑实质上是各地域文化交融的标本。所以对于融合西藏、中亚、克什米尔以及印度等多种文化信息为一体的拉达克佛教建筑的保护与利用是世界文化保持自身价值的体现与实践。纵然宗教理论层面上的实践因历史年代不一而增加或减少，却不曾消失过。佛教仪式同佛教信仰一度跨越宗教边界与人民的文化生活对接。所以说佛教建筑的保护利用深深地影响了民族的心理认同。

当前，社会变化的速度大大加快，宗教与生活的联系日益加强，距离逐步缩短。身处转型期，人们的人生观、价值观开始分化，宗教信仰则演变为文化认同的重要标志，而从某种意义上说，拉达克佛教建筑着实依托了民族的文化认同。

图 7-3　残存建筑

图 7-4　人们生活场景

3. 从生活空间与方式出发

对拉达克人民社区生活有着相当程度上影响的寺庙区域依旧维持了它神明圣洁的空间场所属性，寺庙占用了社会区域和聚落的神圣位置，信徒的生活质量与寺庙建筑往来密切。经过调研我们了解到，当地寺庙的一些扩建复建工程的费用中源于本土信徒的捐赠比率很大。拉达克佛教知识方面的实践，诸如仪礼婚丧、节庆祭祀等等，在人民生活中享有一席之地，并且重要性仍在上升。实际上，拉达克佛教拥有很强的文化惯性，用来维系其中民族文化的认同观。因此，在保护利用拉达克佛教建筑，维护本土文化形式时，及时有效地正确引导人民的生活方式、思想观念已成为极其可行的途径之一。

结　语

在世界文化经济极速发展下，拉达克这片与世隔绝、远离尘世的净土逐渐开始吸收外来文化宗教元素，人们的空间、时间观念受到前所未有的冲击，本土建筑散发的光芒开始被掩盖，拉达克人们的生活方式、宗教理念日益多元化，当地佛教建筑后续的传承发展受到一定阻碍。随着人类文明的发展进程，我们的保护力度和保护范围应随之深化拓宽。工业社会生产方式的影响、以功能为主要侧重点的城镇和建筑规划无形中人为地缩减了历史所积累的复杂生活方式与生活空间。在这种大环境下，拉达克建筑符号的传承与保护利用变得非常必要。

大量的调研资料表明，归根结底，拉达克的佛教建筑并非单纯地被视做历史文物。鉴于佛教在拉达克人民心目中的独特感情和地位，其渐渐变成拉达克地区深一层文化构架的重要组成。拉达克新一代的佛教僧侣面对信仰以及寺庙的发展状况持有与过往不同的态度观念，加上少许的旅游商机的影响，其佛教建筑将面临着异于过去的发展，这一类建筑的变化承载着该时期整体社会意识状态的改变。

对于该地区建筑保护传承的方式，笔者认为，一方面，我们要通过文字的清晰记录来传承与发展；另一方面，我们更要保存维护好这些宝贵遗产得以生存下来的生态环境和文化氛围。佛教建筑承载了各式各样的丰富内容，诸如节庆、习俗、宗教等，而诵经类的口头传统、各类传统表演和传统工艺等技能也在我们的保护范围内。所以，谈到对拉达克建筑的保护，我们应当在保护实际物质存在的同时，提高对非物质的形态，诸如场所空间、文化气氛等特征的维系，从而多层次、多方向、综合整体地保护传承并发展拉达克建筑符号。

中英文对照

地名

巴尔蒂斯坦：Baltistan

巴郭村：Basgo

吾如朵：Dbu-ru Stod

斗达河：Doda River

德拉斯：Drass

噶尔丹：Galdan

吉尔吉特：Gilgit

格如德：Grud

古格：Guge

查谟：Jammu

吉拉姆：Jhelum

卡吉尔：Kargil

克什米尔：Kashmir

卡拉泽：Khalartse

哈拉浩特：Khara Khoto

赤色：Khrig-se

锡亚尔：Kinnaur

拉达克：Ladakh

列城：Leh

拉合尔：Lahore

曼纳尔：Manall

玛域：Maryul

木碧村：Mulbeck

穆贝：Mulbhe

尼莫：Nimmo

努布拉：Nubra

帕杜姆：Padum

普让：Purang

普里格：Purig

克孜尔：Qizil

卢克图：Rupshu

鲁多克：Rudok

萨尼：Sani

萨波拉：Sa-spo-la

雪依：Shey

什约克：Shyok

斯卡杜：Skardu

斯必提：Spiti

斯利那加：Srinagar

斯托克：Stock

苏鲁：Suru

塔什：Tashi

土耳其斯坦：Turkestan

哇卡河：Wakha

叶尔羌：Yarkand

桑迦：Zangs Dkar

赞斯卡：Zanskar

象雄：Zhang Zhung

左吉拉：Zojila

宗教名词

大乘佛教：Mahayana

锡克教：Sikh

神灵名词

阿弥陀佛：Amitabha

不空成就佛：Amoghasiddhi

不动如来：Akshobhya

阿普撒拉斯：Apsaras

观世音菩萨：Avalokiteshvara

菩萨：Bodhisattvas

保护神：Cham Spring

绿度母：Green Tara

乾闼婆：Gandharva

犍陀罗：Gandhara

密集金刚：Guhyasamaja

赫如卡：Heruka

遍见母：Locanā

护世四天王：Lokap-ala

目犍连：Mandgalyana

文殊菩萨：Manjusri

燃灯佛：Mar-me-mdsad

弥勒佛：Meitreya

密勒日巴：Milarepa

莲花噶波佛：Padma Dkarpo

般若波罗蜜多神：Prajaparamita

宝生如来佛：Ratnasambhava

荣森卡玛：Rongtsen Kar Mar

释迦牟尼：Sakyamuni

舍利弗：Sariputa

桑瓦拉：Samvara

度母佛：Tara

如来：Tathagatas

毗卢遮那如来佛：Tathagata Vairocana

宗喀巴：Tsonkha-pa

毗卢遮那佛：Vairocana

大日如来：Vairocana

维吉拉：Vajra–Bhairava

金刚持佛：Vajradhara

金刚萨土垂：Vajrasattva

大威德金刚：Yamantaka

人物名词

阿底峡：Atisa

阿吉巴·噶丹喜饶：A–lci–pa Bskal–ldan–shes–rab

巴郭拉：Bakula

巴尔蒂：Balti

扎西南吉：Bkra–shis–rnam–rgyal

曲杰·丹玛：Chos–rje Ldan–ma

却杰·洛多：Chockyi Lodo

大丹·南吉：Deldan Namgyal

德列·南吉：Delegs Namgyal

仲巴多杰桑布：Drung–pardo–rje–bzang–po

俄珠贡：Dngos–grub–mgon

达格斯·邦德：Dkspa Bumlde

多杰·多洛：Dorje Dolo

庄巴·多杰：Drungpa Dorje

多杰·帕桑：Dorje Palsang

贝·喜饶扎巴：Dpal Shes–rab–grags–pa

达格斯·邦德：Dragspa Bumlde

加布·杰央·南吉：Gyalpo Jamyang Namgyal

杰姚·卡顿：Gyal Khatun

海因里希·郝瑞：Heinrich Harrer

杰央·南吉：Jamyang Namgyal

迦腻色迦王：Kaniska

卡嘉帕：Ka–gya–pa

格桑：Kalzang

肯达姆萨德：Kndampsade

库硕科·跋库拉·仁波切：Kushok Bakula Rinpoche

朗达玛：Lang Darma

洛得祖喷：Lde Tsug-gon

拉千嘉波：Lhachen Gyalpo

拉旺朝杰：Lhawang Chhosrje

拉旺·路德：Lhawang Lodoe

拉旺洛追：Lha-dbang-blo-gros

护世四天王：Lokap-ala

玛域巴·贡确孜：Maryulpad Konmchogbrtsegs

堪钦曲贝桑布：Mkhan-chen Chos-dpal-bzang-po

玛尔巴：Mar-pa

密勒日巴：Milarepa

摩拉维亚：Moravian

南卡巴：Nam-mkhav-ba

南史·里·兹隆：Nang Srith Zilon

纳若巴：Naropa

阿里·仁波切：Ngari Rinpoche

恩格：Ngor

莲花噶波：Padma Gyalpo

帕尔丹·沙拉博：Paldan Sherab

莲花生：Padmasambhava

般若波罗蜜多：Prajaparamita

仁钦桑布：Rinchen Zangpo

穆增：Rmug-rdzing

里格京·东拖：Rigjin Dongtuo

罗纳德·博涅：Ronald M.Bernier

仁波切·丹增曲扎：Rtogs-ldan Rin-po-che Bstan-vdzin-chos-grags

萨克提城堡：Sakti

悉达查亚·纳若巴：Siddhacharya Naropa

辛格·南吉：Singge Namgyal

斯内尔格罗夫：Snellgrove

吉德尼玛衮：Skylde Nimagon

斯潘一喷：Spalgyigon

达仓热巴：Stag–tshang Ras–pa

堆·喜饶桑波：Stod Shes–rab–bzang–po

斯文·赫定：Sven Anders Hedin

达隆活佛：Taklung

塔克波·沙尔：Takpo Tsahl

塔什喷：Tashigon

塔什·南吉：Tashi Namgyal

帝洛巴：Tilopa

图登·仁波切：Togdan Rinpoche

藏一杰：Tsang Gyet

次旺南吉：Tshe–dbang–rnam–rgyal

泽旺·南吉：Tshewang Namgyal

塞－帕格－梅得：Tse–pas–med

图尔－卡－南无－桑：Tul–khar–nam–sum

久丹贡布：Vjig–rten–mgon–po

杜增·扎巴贝丹：Vdul–vdzin Grags–pa–dpal–ldan

曲吉尼玛：Vbri–gung Gdan–rabs Chos–kyi–nyi–ma

没卢氏：Vbro

魏玛·伽德皮塞斯：Wima Kadphise

楚臣沃：Yon–bdag–slob–dpon Tshul–khrimsvod

建筑专业名词

阿奇寺 Alchi

巴尔丹寺：Bardan

格芒寺：Bskyid–mangs

查达寺：Brag–stag/Brag–ltag

菩提伽耶遗址：Bodhgay ā

巴郭寺：Basgo

巴米扬石窟寺：B－amy－an

向巴：Chamba

禅辰大殿：Cham Chung

畅杵波：Chang－Chub

切木瑞寺：Chemrey

抽康：Chow－Khang

哲蚌寺：Drepung

多玛：Dolma

贝土寺：Dpe Thub

杜康殿：Dukhang

藏斯库寺：Dzongskhul

城堡寺院：Fort Monastery

犍陀罗：Ghandhara

贡康殿：Gon－Khang

桑喀尔寺：Gsang－mkhar

松孜寺：Gsum－brtsegs

卡恰尔寺：Ha Char

赫密斯寺：Hemis

吉央拉康：Jamyang Lhakhang

科贡：Kagan

塔门：Kaka Ni Chorten

康裕：Kangyur

卡夏寺：Karsha

赤泽寺：Khrigrtse

喇嘛玉如寺：Lamayuru

拉康：Lhakhang

拉康索玛：Lhakhang So Ma

拉特斯：Lhatos

利吉尔寺：Likir

译师佛堂：Lotsawavi Lhakhang

佛塔：Mchodrten

芒居寺：Mang-rgyu

大菩提寺：Mah-abodyi

摩竭鱼：Makara

曼尼·林格莫斯：Mane Ringmos

马特拉脉轮：Matrachakras

玛卓寺：Matho

尼雅尔玛寺：Myar Ma

那烂陀寺：Nalanda

聂尔玛寺：Nyarma，现被称为 Nyer-ma

伊尼斯康：Nyenes Khang

乌丹塔普里寺：Odantapur ì

月王城寺：P ā harpur Soma Pura

丰塘寺：Photang

法克托寺：Phugtal

皮央寺：Phyang

期旺寺：Phyi Dbang

瑞伯坦斯·哈瑞斯·哈尔：Rabrtans Lharise Khar

热克巴佛塔：Rag-pa

康杜姆寺：Rangdum

雷克瑟姆·根伯什：Riksum Gombos

林塞尔：Ring-sel

日宗寺：Rizong

娑尼寺：Sani

色卡寺：Samkar

色拉寺：Sera

塞臧寺：Serzang

森格岗寺：Sengesang

岗俄寺：Sgang-sngon

香希纳特壁画：Shambhunath

斯库杜格：Sku-dug

斯皮托克寺：Spituk

达摩寺：Stagmo

达摩拉康：Stag-mo Lhakhang

达纳寺：Stag-na

斯塔格里摩寺：Stagrimo

斯托克宫殿：Stock Palace

宋德寺：Stongde

苏木泽殿：Sumtsag Lhakhang

塔波寺：Tabo

塔克托克寺：Takthok

唐裕：Tangyur

蒂克塞寺：Thikse

替色如：Tisseru

南吉泽莫寺：Tsemo Gompa

宗康殿：Tshogs-Khang

图卜克大殿：Tu-phuk

乌戈炎·颇唐大殿：Urgyan Photang

大经堂：Vdus-khang

瓦姆勒寺：Wam-le

央日噶寺：Yang-ri-sgar

其他名词

达尔德部落：Dards

支竹巴派：Dbrugpa

止贡派：Digungpa

道格拉人：Dogra

竹巴派：Drugpa

格鲁派：Gelugpa

噶举派：Kargyupa，俗称白教

噶丹派：Kadampa

蒙斯部落：Mons

宁玛派：Nyigmapa

后弘期：Phyi-dar

萨迦派：Saskyapa，俗称花教

西藏部落：Tibetans

图片索引

Himalaya》

第六章　拉达克佛教建筑的艺术特点

第七章　拉达克城市与建筑的价值

参考文献

中文专著

［1］刘先觉.现代建筑理论——建筑结合人文科学自然科学与技术科学的新成就［M］.北京：中国建筑工业出版社，1999.

［2］陈耀东.中国藏族建筑［M］.北京：中国建筑工业出版社，2007.

［3］徐宗威.西藏传统建筑导则［M］.北京：中国建筑工业出版社，2002.

［4］汪永平.拉萨建筑文化遗产［M］.南京：东南大学出版社，2005.

［5］杨学政、萧霁虹著.苯教文化之旅.［M］.成都：四川文艺出版社，2007.

［6］尕藏加.雪域的宗教［M］.北京：宗教文化出版社，1989.

［7］刘敦桢.中国古代建筑史（第二版）［M］.北京：中国建筑工业出版社，1997.

［8］杨嘉铭，赵心愚，杨环.西藏建筑的历史文化［M］.西宁：青海人民出版社2003.

［9］吴健礼.古代汉藏文化联系［M］.拉萨：西藏人民出版社，2009.

［10］木雅·曲吉建才.中国民居建筑丛书：西藏民居［M］.北京：中国建筑工业出版社，2009.

［11］恰白·次旦平措，诺章·吴坚，平措次仁.西藏通史简编［M］.北京：五洲传播出版社，2000.

［12］陈庆英，高淑芬.西藏通史［M］.郑州：中州古籍出版社，2003.

［13］侯幼彬.中国建筑美学［M］.哈尔滨：黑龙江科学出版社，1997.

［14］柴焕波.西藏艺术考古［M］.石家庄：河北教育出版社，2002.

［15］丹珠昂奔.藏族文化发展史（上下册）［M］.兰州：甘肃教育出版社，2001.

［16］周伟洲.西藏森巴战争［M］.北京：中国藏学出版社，2000.

［17］富兰克.有关西藏西部卡拉则的历史文献［M］.ZDMG，1907.

［18］富兰克.西部西藏史［M］.ZDMG，1907.

外文译著

［19］HNKaul.Rediscovery of Ladakh［M］.Delhi:Indus Publishing Company，1998.

［20］Tashi Ldawa Thsangspa.Ladakh Book of Records［M］.LAY Publication，2011.

［21］Nawang Tsering.Alchi—The Living Heritage of Ladakh［M］.Likir Monastery，2010.

［22］Amy Helle.Indian Style，Kashmiri Style: Aes-thetics of Choice in Eleventh Century

Tibet［M］.2001.

［23］Jane Casey Singer.Early Thankas: Eleventh-Thirteenth Centuries［J］.Mumbai，1996，XLVI-II，no. 1.

［24］Steven MKossak，Jane Casey Singer.Sacred Visions: Early Paintings from Central Tibet［M］.New York，1998.

［25］［法］石泰安.西藏的文明［M］.耿昇，译.王尧，审订.北京：中国藏学出版社，2005.

［26］［意］G杜齐.西藏考古［M］.向红茄，译.拉萨：西藏人民出版社，2004.

［27］［意］图齐.西藏宗教之旅［M］.耿昇，译.王尧，审订.北京：中国藏学出版社，2005.

［28］［日］芦原义信.外部空间设计［M］.北京：中国建筑工业出版社，1985.

学术论文与期刊

［29］周晶，李天.拉达克藏传佛教寺院建筑地域性艺术特征研究［J］.西藏民族学院学报（哲学社会科学版），2010(01).

［30］［意］L伯戴克.拉达克王国: 公元950—1842年(十)——拉达克的宗教历史［J］.彭陟焱，译.扎洛，校.西藏民族学院学报（哲学社会科学版），2010(03).

［31］刘志高.沉淀于藏文化中的苯教特征［J］.西藏民俗，2000(03).

［32］玛利亚劳拉·迪·玛蒂亚.拉达克宗教建筑简史［J］.杨清凡，译.西藏研究，2000(02).

［33］才让太.苯教在吐蕃的初传及其与佛教的关系［J］.中国藏学，2006(02).

［34］儒弥·考斯勒.西喜玛拉雅的佛教建筑(节选)［J］.冯子松，译.西藏研究，1992(01).

［35］周晶，李天.藏式宗堡建筑在喜马拉雅地区的分布及其艺术特征研究［J］.西藏研究，2008(04).

［36］张长虹.西藏西部早期佛教绘画中的波罗艺术风格考论［J］.宗教学研究，2007(02).

［37］段克兴.西藏原始宗教——本教简述［J］.西藏研究，1983(01).，

［38］罗桑开珠.略论苯教历史发展的特点［J］.西北民族学院学报(哲学社会科学版)，2002(04).

［39］诺吾才让.藏族原始宗教——雍仲苯教［J］.青海民族学院学报(社会科学版)，

1999(03)

　　［40］阎振中. 悠远的回声——苯教与佛教关系探索［J］. 西藏民俗，1994(04).

网络资源

　　［41］中国藏学网〔中国藏学研究中心〕［EB/OL］.http://www.tibetology.ac.cn.

　　［42］雍仲本波［EB/OL］. http://www.benpo.com.cn

　　［43］中国西藏［EB/OL］. http://www.tibet-china.org.

　　［44］西藏地理［EB/OL］.http://www.greatestplaces.org/notes/tibet.htm.

　　［45］昌都信息港［EB/OL］.http://changdu.dqccc.com/.

　　［46］今日西藏昌都［EB/OL］.http://www.xzcd.com/.

　　［47］维基百科［EB/OL］.http://zh.wikipedia.org/.

　　［48］百度搜索［EB/OL］.http://www.baidu.com/.

附录 拉达克考察日记

庞一村

12月28日 晴

今天离开斋普尔，准备去拉达克进行我们此次最重要的拉达克高原的古建筑调研。

大约中午12点钟，我们登上去拉达克的飞机。今天天气不错，下面的田野、村庄、城市尽收眼底。一路向北，一个多小时后我们到了拉达克地区。

远处的雪山山脉清晰，山顶上是宫殿、寺庙。飞机转了一圈在机场落下。我们来到的地方叫列城（Leh），这边航班很少，由于是冬天，旅馆也很少开放，只有一家东方旅馆开着，200多块人民币一间，房间还可以，就是没有水，因为太冷，水管冻裂，只有向管理员要一桶一桶的水，不是很干净。

这边海拔高，化妆品牙膏之类的都自动溢出很多。饭菜口味也还可以，相对国内当然差些，但是各种咖喱味的小吃，也有自己的风味。旅馆的餐厅很大，饭菜的质量也不错，牛奶、茶一应俱全，我们把点的食物写在纸上，临走时一起结账。

虽然气温很低（据说在零下5度到零下15度之间），但是白天的阳光很好。

12月29日 晴

昨天的电暖气片被我跟刘畅坐翻了，我俩直接坐到了地上，当地人过来看到我们房间的场景，给了我们警告，说是要多加注意安全。

拉达克人不说印度语，也不说藏语，他们讲拉达克语，平时大家就用英文交流。他们的长相和藏民比较像。这里早晨6点半到9点，晚上5点到10点半才有电，但是很不稳定。早晨晚上气温都很低，外面的地面水都已结成了冰。

上午我们去城中心的市场，从旅馆大概走了20多分钟到了市中心。街上都是当地人开的店，市中心的市场算是最热闹的地方，一般都是中午天气转暖才开门。

接下来我们去看了老街区，汪老师说有一、二百年的历史。过街楼、乱石墙、土坯墙仍然可见。后来我们爬山去了有小布达拉宫之称的列城宫殿，它正在修复，部分已经翻新，但是室内以前的结构多数仍有保留。我们发现其实这边的建筑与西藏十分相似，塔与阿里的也很是相像。

12月30日 晴

今天租了辆车，1200卢比一天，合成人民币不到200元，比较便宜。

赫密斯（Hemis）、雪依（Shey）、蒂克塞（Thikse）寺庙是今天的目标之所。天蓝蓝的，无云无风，阳光很好，虽然气温比较低，但不是很冷。我们早晨 9:00 离开家庭旅馆到街上，街道冷清，少数店铺门开着。因为这里缺水，自来水管道冬天无法使用，送水的车停在路边，当地人纷纷排着队，拿出大桶来接水。

离开列城城市，向东南沿印度河河谷向上游走，向窗外看去，两侧是村庄和耕地，河谷开阔。一些建筑集中的居住区，造型别致，应该是新建造的。我们经过 Karu 镇，向西去赫密斯（Hemis）寺庙。

赫密斯（Hemis）寺

寺庙入口是柱廊，柱子比较粗大，造型古朴。建于 17 世纪，大殿面朝东，两层的回廊围绕，底层墙面是人物壁画，壁画都是新的。我们数了一下，大殿是 7×7 开间，共有 36 柱。中间 4 根高到顶层，这样的话采光比较好。围绕大殿周边，梁柱换成了新的，建筑正在修复当中。寺庙建筑依山而建，一层接一层，很是壮观。

我们离开赫密斯寺庙，沿河走了一段。汪老师看到西面一个山头上有一座寺庙，于是我们通过吊桥来到寺庙达纳寺（Stag-na）。达纳寺建于山头，规模也不大，而且也正在维修。建筑内部共 2 层，全是木结构，里面彩绘全是翻新过的。山下有一个小村庄，景色宜人。

蒂克塞（Thikse）寺

结束后，我们经过村庄，来到寺庙蒂克塞（Thikse），寺庙较大，占据了东面的山头，比较显眼。我们上山看到一群小喇嘛正在下山提水，他们年龄普遍比较小，最小的大概五、六岁的样子。进入寺庙内部，有佛像，供人观赏，大殿朝东。

雪依（Shey）寺

离开蒂克塞，下一站是雪依。我们经过了塔群雪依（Shey），拍了很多照片，用于回去好好研究。汪老师告诉我俩，塔群年代大概是从 7—17 世纪，造型各异，大小不同，近百座塔一定程度上反应了各时代的风格。

雪依是过去老王宫的所在，大约 16 世纪建造，后来才转到斯托克（Stock）宫殿，宫殿建筑的遗址在山背。我们没有进入大殿内部，但还是在外部拍了些照片。

放眼向山下望去，村庄，河流，远山，这种景色是从未见过的，使人心里异常的平静，舒缓。

在雪依（Shey）回程时，最后去了斯皮托克（Spituk）寺庙，这边的僧人告诉我们，这个寺庙是格鲁派寺庙在拉达克的第一座寺庙，建于一个小山头上。

回去的途中，汪老师在书店买了几本书。

12 月 31 日 晴

今天刘畅生病了，呕吐不舒服，发烧，所以只有两个人跟汪老师去调研。有一点很欣慰的是，汪老师昨天把我的论文题目定下来了，就写拉达克建筑初探，这无疑增强了我这次调研的积极性与信心。

早晨吃过饭，准备出发，可是司机 9 点钟还未到，我们便去城里找他，路上恰好碰到。

玛卓（Matho）寺

玛卓寺在一个小山头上，位于赫密斯寺西北的另一座山上。这边的僧人很热情，他告诉我们，拉达克地区的萨迦派寺庙只有这一个，寺庙的僧人 30 个，下面还有有四座很小的寺庙（属寺）。我们进入一个老的大殿内，里面有壁画，大部分仍保持原状，大殿周圈建筑基本翻新，东侧是二层回廊。向上走，有一个图书馆，里面有一些中文的图书，在拉达克是比较罕见的。

我们下山，寺庙的山下是一个大的村子，正好看到有家院子里有几个木工，汪老师就带我过去拍照，他们的工具和西藏的木工类似。

房子的主人今年 55 岁，有两个儿子、一个女儿，他邀请我们去屋内看看，请我们吃了点心，喝了奶茶。房子两层，局部三层，一层是一间两柱的起居室。

厨房的正中间有一个火炉，一面墙的架子上放着餐具。我给汪老师和房子的主人拍了合影，质朴的笑容，温馨的小家，和这冬天的阳光一样直暖人心。

斯托克宫殿（StockPalace）

我们来到斯托克宫殿，它位于一个小山头上，这是一个王宫所在，入口是一个塔门，王宫周围有围墙，向下观望，村落尽收眼底。我们沿着之字形的坡道向上走，进入门内，再向上，进入一个门，转了几道后来到一个内院，周边回廊，这就是宫殿的核心，墙上挂了一些历史照片。

后来，我们还在旁边的一处老房子室内发现，原来这边厨房的灶台很讲究，内有神龛，雕刻之精细像极了国内工艺。

皮央（Phyang）寺

在向西再向北的一条路上，我们看到了在远处山头上的寺庙皮央。皮央寺维修过，外表很新，这是拉达克第一座噶举派寺庙。

2012 年即将到来，今天是 2011 年的最后一天，很是兴奋，在拉达克跨年着实值得庆祝。宾馆大厅的天花板上有彩色的气球，餐厅里忙碌着做年夜饭，鸡腿，饺子之类的精心配制。餐厅的长桌上有红酒、水果、点心，一些游人换上了民族服装，摇着铃铛，大家互相祝福，节日的气氛很是浓烈。

1月1日 晴

阿奇（Archi）寺是这次拉达克调研比较重要的寺庙建筑，年代久远。我们今天就出发去阿奇。司机9点来到宾馆，车向西沿着山路一直走，荒原上的景色很壮观，沿途可以看到印度河。后来，在经过巴郭（Basgo）古村落时，有一群小孩，拦路要钱，他们脸上带着面具，像山贼一样，把我们吓了一跳。司机告诉我们这是新年的规矩，这边的风俗，汪老师给了些零钱，当做是给他们的新年礼物。

阿奇（Archi）寺

阿奇寺位于印度河的南岸，车沿着一条支流一直行驶，车停下后我们又沿着一个小巷直走，绕过古塔，阿奇寺的苏木泽殿（Sumtsag Lhakhang）两层高，我们重点观察了寺庙的门楣、木雕和内部彩画。

这边是需要买票才可以进入大殿的，我们买了票，进入殿堂，内部正中是四柱，四周墙面有佛像，造型精美，中间是曼陀罗（坛城）的图案，室内不允许拍照，汪老师在门口向内偷偷拍了几张。我们来到旁边的院子，院子内是一层建筑，室内全是壁画，进入殿内，看到大幅的坛城壁画。向东还有另外一个院子，内部有2个殿堂，殿内四柱，已维修过。

利吉尔（Likir）寺

离开后，我们去了利吉尔寺，建于16、17世纪，殿堂内有金色雕像。

1月2日 晴

今天休息，早上10点去城内兑换卢比，买回去德里的机票。我们到了一家换钱及订票处，5号机票便宜些，6号较贵，这里美元兑换卢比1∶43，欧元兑换卢比1∶64，相对划算，大家商量了一下，先用汪老师的欧元兑换卢比。买了5号的机票后，回宾馆已经下午3点了。

晚上遇到了一对中国来的夫妻，来自香港，也是慕名而来，我们见到本国人，很是亲切。

1月3日 晴

今天要去的寺庙是塔克托克（Takthok）、切木瑞（Chemrey）、巴郭（Basgo），沿印度河，河谷旁是村落，远远的雪景很壮观。

塔克托克（Takthok）

塔克托克是一个村落，塔克托克寺的喇嘛告诉我，这个寺庙是拉达克唯一一座宁玛派寺院，有800年历史，寺庙僧人约50个。它的寺庙依山而建，大殿在山洞内，内部有壁画，但是不清楚，外廊上也有壁画，是16、17世纪的，相对较完整，石窟深处摆放着佛的塑像。

作为拉达克藏传佛教寺院的一个重要例子，塔克托克寺的建造地点说明拉达克早期的寺庙有建在山洞内的习俗。

萨克提（Sakti）

在萨克提，远远就看到一座小山头上有一座城堡，汪老师提议我们爬上去，远远望去，不由打了个冷战，虽然不是很陡，但是毕竟没有台阶，沿途全是沙石碎土，对于我跟刘畅来讲，着实有些难度，是很大的挑战。不过最终我们还是选择了登上山顶，沿途小心谨慎，当我们顺利下山的那一刻，才彻底释然了。

切木瑞（Chemrey）

切木瑞寺位于萨克提附近，我们从山下向山上望去，从山脚到山顶，寺庙规模较大，

我们打开大门进内部参观，里面布置有供奉的佛像、壁画等，保存较好，柱网 4×4 为 16 柱。二层内部壁画保存较完整，非常有价值。向下看去，东面是河谷，视野开阔，景色尽收眼底。

巴郭（Basgo）

下午 1 点多钟，我们向西去看巴郭（Basgo）寺。巴郭在公路边，寺庙也建在山头。我们来到寺庙，内部无人，向上走一层，我们进入大殿，拍了些内部壁画和柱头的照片，同样也是 16、17 世纪的，墙上的壁画保存很好。路旁是村庄，有很多的塔群。我们下山后，在村内发现了一座塔，形制和阿奇寺入口塔形制相同，历史悠久，可惜内部壁画部分已毁坏，但隐约可见。

结束后赶忙赶回列城宾馆，忙碌的一天又结束了。晚饭很丰盛，有现烤的披萨、意大利面等，饭后和一对中国来的小夫妻聊了会。

1 月 4 日 阴

今天天气有些阴沉，远眺远处，山头上还有积雪。

上午吃过饭，我们出城，准备找前些天邂逅的那位从拉萨来的老伯询问拉达克的寺庙现状，可是他在城中心 Market 的店锁了门，只好作罢。后来找了家电话亭，打电话给家里说了最近的情况，报个平安。下午回宾馆整理了笔记。

1 月 5 日

8 点钟起床，饭后收拾行李，旅馆结账，这里的消费相对便宜些。9 点，离开宾馆，去列城的机场，机场离城很近。

由于天气原因，等了很久，航空公司通知今天的航班取消，延迟到 8 号。虽然很沮丧，但是大雾天这边是无法飞行的，只好再回宾馆。吃了中饭，下午 3 点的时候，我们去城里

换了些钱，处理完这些琐碎的事情后，已是傍晚。

明天的行程是去喇嘛玉如（Lamayuru），这也是一个很重要的寺庙，值得期待。

1月6日

今天天气异常的冷，刺骨的冷。7点起床，窗外阴天，山上都有积雪。

听汪老师说，海拔4000米以上的高度都降了雪，列城位于谷底或盆地，海拔3500米，没有降雪。

我们8点去吃早饭，大概8点半司机来接我们，汪老师和他谈好了价钱后，开始启程去喇嘛玉如。天气开始转晴，但是不一会又阴了下来。路上有积雪，这次所经之处正在修路，沿着河谷开山炸石，看起来需要很多的人力物力，工程颇有难度。坐在车里，没有阳光，气温非常低，我跟刘畅都手脚极冰。今天车速很慢，主要是道路正在施工，路途很是不顺。下午1点才到喇嘛玉如。

远远看上去，山体已经出现了裂缝，寺庙建在山上。我们观察到一些大的裂缝，汪老师告诉我们，那些是被用来做寺庙的小殿或僧人的居所，这种洞窟民居是我们这次在拉达克调研中首次发现的。我们上到山顶，来到主殿堂，由于寺庙大殿的僧人不在，无法进入。后来一个僧人看到了我们，我们告知他来到这里的目的，他便带领我们先去了别的殿，内部不大，2柱平面，仔细观察后发现，柱子全是新的，仅柱头保存原样，殿堂内部是菩萨塑像。汪老师指着图案告诉我们哪个是金翅鸟，哪个是狮、象、龙的图案。墙面的壁画部分已有剥落。

在殿堂旁边，还有一间屋用来存放塑像，墙面比较新，有曼陀罗图图案的壁画，三尊佛像造型和色彩各有不同。拍完照片后，汪老师去西北侧拍窑洞，我们留下来。

接下来，我们又下山看塔群。发现有些大的塔，塔内有彩绘，虽颜色已不鲜艳，但保存尚可。

这里，寒风凛冽，我们足足呆到下午3点才离开，进行下一处调研，日宗寺（Rizong），沿着一条向北的河谷山路，绕来绕去终于到了日宗寺，那是新修的格鲁派寺院。

调研结束后天色已晚，气温很低，我已经冷得毫无知觉，手也动不了。冷得直想哭。幸好回程还算顺利，7点到旅馆。正好是晚饭时间，饱饱地吃了一顿。

1月7日

今天天气不好，阴阴沉沉的。留在宾馆整理日记。

下午的时候，刘畅病了，呼吸困难，这些天她基本无法进食，一吃就吐，今天更加严重。面色苍白，异常难受，身体麻木，一身冷汗。看她的样子，让人很是心疼。不过冬天这里很不方便，只能让她坚持再坚持，汪老师说这是高反，下了高原就会好起来。所以希望明天是个好天，能尽快离开。

1月8日

今天发生了3件事：（1）住在一起的同学刘畅病的更厉害了；（2）又下雪了；（3）航班又取消了。

昨天下了一夜雪，和我们住在同一宾馆的一个来拉达克研究鸟类的英国男子也很是无奈。我们早晨给机场打电话，无人接听。后来司机来接我们去机场，到了机场，航班已经取消。

后来大家在机场等了好久才接到通知，航班改到明天早晨，听到这个消息真是让人哭笑不得。

航班第二次延误，看来拉达克是在留恋我们啊！回宾馆的路上，注意到雪已经下的很厚了，远观雪景，很是壮观，别有一番景致。

1月9日

早晨6点启程去机场，今天天气还是不好，但是航空公司已经取消过2班了，这次势必启程，我们在机场等待了很久，一直到下午云层开了。传来了好消息，从德里来的飞机可以降落，意味我们可以离开了。

这次拉达克的调研已经算是圆满结束，虽说航班延误了几次，但是还算是顺利。一些比较有价值的寺庙、宫殿这次都有机会去看、去观察、去了解，所以不虚此行。

回到德里，第二天早餐时，汪老师告诉我们，昨天晚上他看了印度国家电视台的晚间新闻，说是拉达克遭遇五十年不遇的严寒和大雪，对外交通全部中断，当地进入紧急状态，抗灾救援，电视上还出现我们离开列城大雪封城、断电缺水的画面。我们想想后怕，昨天下午乘坐回德里的航班，好像重复了好莱坞灾难大片中最后一架飞机冲出的场景。

图书在版编目（CIP）数据

拉达克城市与建筑 / 汪永平，庞一村，王锡惠编著 .
南京：东南大学出版社，2017.5
（喜马拉雅城市与建筑文化遗产丛书 / 汪永平主编）
ISBN 978-7-5641-6845-2

Ⅰ . ①拉… Ⅱ . ①汪… ②庞… ③王… Ⅲ . ①古建筑
－建筑艺术－印度 Ⅳ . ① TU-098.2

中国版本图书馆 CIP 数据核字（2016）第 273430 号

书　　　名：拉达克城市与建筑
责任编辑：戴　丽　魏晓平
装帧方案：王少陵
责任印制：周荣虎
出版发行：东南大学出版社
社　　　址：南京市四牌楼 2 号
邮　　　编：210096
出 版 人：江建中
网　　　址：http://www.seupress.com
电子邮箱：press@seupress.com
印　　　刷：深圳市精彩印联合印务有限公司
经　　　销：全国各地新华书店
开　　　本：700mm×1000mm　　1/16
印　　　张：15.25
字　　　数：241 千字
版　　　次：2017 年 5 月第 1 版
印　　　次：2017 年 9 月第 2 次印刷
书　　　号：ISBN 978-7-5641-6845-2
定　　　价：89.00 元

若有印装质量问题，请与营销部联系。电话：025-83791830